大陆漂移学说

【德】魏格纳————著   地球科普翻译组—————译

典藏级
国民科普读物

地震出版社
Seismological Press

图书在版编目（CIP）数据

大陆漂移学说 /（德）魏格纳著；地球科普翻译组
译 . -- 北京：地震出版社，2021.7
 书名原文：The Origin of Continents and Oceans
 ISBN 978-7-5028-5161-3

 Ⅰ . ①大… Ⅱ . ①魏… ②地… Ⅲ . ①大陆漂移
Ⅳ . ① P541

中国版本图书馆 CIP 数据核字（2019）第 298985 号

地震版　XM4528/P（5880）

大陆漂移学说

（德）魏格纳　著
地球科普翻译组　译
责任编辑：王亚明
责任校对：郭贵娟

出版发行：**地 震 出 版 社**
　　　　　北京市海淀区民族大学南路 9 号　　　　　邮编：100081
　　　　　发行部：68423031　　68467991　　　　传真：68467991
　　　　　总编室：68462709　　68423029
　　　　　证券图书事业部：68426052
　　　　　http：//seismologicalpress.com
　　　　　E-mail：zqbj68426052@ 163.com
经销：全国各地新华书店
印刷：北京柯蓝博泰印务有限公司

版（印）次：2021 年 7 月第 1 版　2021 年 7 月第 1 次印刷
开本：710×960　1/16
字数：264 千字
印张：20
书号：ISBN 978-7-5028-5161-3
定价：85.00 元

▲ 柏林火车站

　　1880年，阿尔弗雷德·魏格纳诞生于德国柏林，是福音派传教士理查德·魏格纳博士和其妻子安娜的幼子。他从小就喜欢幻想和冒险，童年时非常喜欢读探险家的故事，英国著名探险家约翰·富兰克林成为他心中崇拜的偶像。1886年，他的家人购买了赖因斯贝尔格附近的一间宅邸，将这里当作度假别墅。现在当地校舍附近的建筑物中设立有阿尔弗雷德·魏格纳纪念站和旅游资讯办公室。

▲ 青年时期的魏格纳，照片拍摄于 1904 年

　　魏格纳少年时便向往到北极去探险，由于父亲的阻止，他没能在高中毕业后就加入探险队，而是进入柏林洪堡大学学习气象学，这为其以后的探险工作打下了基础。1902年，魏格纳进入乌拉尼亚天文台，成为一名天文观测员。1905年，魏格纳以优异的成绩获得了柏林洪堡大学天文学博士学位，并在之后入职普鲁士天文台，成为他哥哥库尔特的技术助理。魏格纳不改热爱冒险的天性，与他的哥哥一起在柏林乘坐热气球参加耐空比赛，并以52小时的成绩打破当时的耐空纪录（35小时）。这次飞行也对应用水准仪、测斜仪进行导航的准确性做了一次实测。

▲ 魏格纳和他的团队正在为气象气球的发射做准备

　　1906年，魏格纳终于实现了少年时代的远大理想，加入了著名的丹麦国家探险队，远征格陵兰岛东北海岸。在为期两年的考察里，他的主要工作是从事气象和冰川调查，他学到了很多极地探险的生存技能。值得一提的是，格陵兰岛上巨大冰山的缓慢运动给他留下了深刻的印象，这可能就是后来他在面对世界地图时迸发丰富联想的起源吧！但是这次旅程也向他昭示了极地探险的危险性——探险队队长摔断了腿，其他两个同事在远征期间丧命于旷野。

　　1908年，探险归来后，魏格纳在马堡大学就职，担任天文学和气象学讲师。他的讲座内容后来被整理为一本经典教科书——《大气圈热力学》。在教学期间，他整理了探险时搜集的大量资料，这一时期他发表的探测结果基本上都是关于气象问题的。

▲ 在马堡大学任职期间的魏格纳

1910年，魏格纳在偶然翻阅世界地图时，发现了一个奇特现象：非洲大陆西岸和南美洲东岸的海岸线形状很相似，如果从地图上把这两块大陆剪下来，再拼到一起，就能拼合成一个大致吻合的整体。魏格纳认为这绝非巧合，结合自己的科考实践，魏格纳做出了一个大胆的假设：推断在距今3亿年前，地球上所有的大陆和岛屿是一个整体；大约距今两亿年时，原始大陆开始分裂，并最终形成了我们现在看到的海陆分布状况。

▲ 魏格纳（右）和古斯塔夫·索斯特鲁普

▲ 魏格纳在格陵兰岛探险时的照片

1912年，魏格纳在法兰克福地质学会上做了题为"在地球物理学的基础上论大陆与海洋地壳大尺度特征的演化"的演讲，提出了大陆漂移的假说。此后，由于研究冰川学和古气候学，他第二次去了格陵兰。魏格纳与科赫一起进行了第二次格陵兰考察，他们计划用整个冬天的时间，从最东端的内陆冰边缘穿越格陵兰岛最宽广的部分，横贯格陵兰大冰盖。不过这个目标没有达成——一处内陆冰川发生了密集的冰川爆裂，断裂的冰川一直延伸到了探险队的营地，探险队差点被波及。在这样的情况下，这次格陵兰考察在两个月后便匆匆结束了，他们也仅到达了西海岸。

1913年，魏格纳与气候学家柯本（世界上的大部分气候分类方法都是在柯本分类法基础上发展出来的）之女埃尔斯结婚。埃尔斯比魏格纳小12岁，两人婚后的生活非常幸福，两年后他们就有了女儿希尔德。

▲ 魏格纳与未婚妻、哥哥以及姐姐一起乘坐热气球

▲ 身着军装的魏格纳与妻子、两岁的女儿希尔德

　　1914年，魏格纳的研究工作被第一次世界大战打断了。魏格纳被选入女王近卫军，在第三团预备役中任中尉军官，成为作战部队的一员。他在战争中两次受伤：进军比利时时，手臂受伤；重回战场后，脖子又被一颗流弹射中。他的身体不再适合作战，他只好退出了战场，被分配到气象服务队，顺便继续从事海陆起源的研究。

1915年，魏格纳出版了《海陆的起源》，也就是我们这本《大陆漂移学说》。而在此之前，人们尚未系统地研究地球整体的地质构造，对海洋与大陆是否变动，并没有形成固定的认识。

▲ 魏格纳教授乘坐火车旅行留影

▲ 魏格纳和他的团队使用的是螺旋桨驱动的雪地摩托

1919年，魏格纳被聘为汉堡大学教授，与他的妻子和两个女儿搬到了汉堡。1924年，魏格纳又被聘为格拉茨大学教授。同时，魏格纳跟兄长一样，成为位于汉堡的德国海军天文台的部门负责人。

▲ 魏格纳与探险队的伙伴站在冰川上

魏格纳与科赫筹划再进行一次格陵兰探险。遗憾的是，科赫于1928年去世，这项计划只能由魏格纳独立完成。幸运的是，他获得了德国研究学会的大力支持。1929年4月1日，魏格纳等人乘坐"旗鱼号"前往格陵兰岛；1930年10月30日，他们到达爱斯密特基地，运送物资。此次考察他们的一个重要成果是发现内陆冰厚度超过1800米。

Alfred Wegener 1880-1930

Grønland 20.75
Kalaallit Nunaat

▲ 魏格纳诞辰 100 周年纪念邮票

1930年11月1日，魏格纳在营地度过50岁生日后冒险返回基地，途中遭遇暴风雪的袭击，在白茫茫的冰天雪地里，他失去了踪迹。直至1931年4月，人们才发现了他的尸体。德国政府想把魏格纳的遗体运回德国举行国葬，但被埃尔斯拒绝了。埃尔斯深知丈夫对北极的热爱，更愿他能长眠于此。1940年，柯本教授去世，享年94岁。埃尔斯继承了父亲的长寿，她于1992年辞世，享年100岁。

阿尔弗雷德·魏格纳（Alfred Wegener，1880—1930年），是德国伟大的气象学家、地质学家及地球物理学家。作为一位研究气象学出身的学者，魏格纳之所以能够在世界十大地理学家中排名第一，是因为其在地质学方面有两大突出贡献：一是最早提出了月球上的环形山是由陨石撞击而成的，二是提出了大陆漂移学说——这也是他毕生最大的贡献。

魏格纳提出的大陆漂移学说，打破了大洋永存说的束缚，拉开了20世纪地球科学革命的序幕，几乎重建了板块构造学这一学科。这意味着为了符合大陆漂移学说，人们必须重新修

魏格纳的照片

订刊印所有的教科书，不仅是地质学学科，还包括古生物学、地球物理学、古气象学等学科。如果说哥白尼的日心说引发了天文学界的革命，为近代自然科学的发展开辟了道路，那么魏格纳的大陆漂移学说则从根本上改变了人们的地球观，为现代地球科学的发展奠定了基础。

一、地球科学的基本问题

地球科学的一个基本问题是：今天地球的地质地貌是如何形成的？长期以来，围绕着这个问题人们有着种种思考、假设和争论。

在近代自然科学形成的早期，人们认为地球地貌的基本轮廓自诞生起就没有发生过太大变化。这种"不变论"的代表人物是布丰，他撰写了博物学巨著《自然史》，还在书中提出了地球成因假说，认为太阳与彗星曾发生撞击而分离出一个块体，逐渐冷却后就变成了现在的地球。在他之后，法国地质学家、古生物学家居维叶提出了"灾变论"，认为自然界曾出现过全球性的变革，造成生物的灭绝及海陆的隆起与下沉。这一学说因为获得了生物化石证据的支持而一度非常流行。差不多在同一时期，达尔文的朋友莱伊尔撰写了《地质学原理》，提出"均变论"，他强调地质过程的缓慢性，并根据大量事实指出：现在在地球表面和地面以下作用力的种类和程度，可能与远古时期造成地质变化的作用力种类和程度完全相同。这是地质学重要思维准则之一的"将今论古"历史方法论被首次提出。1858年，法国地理学家安东尼奥·斯奈德–佩莱格里尼（Antonio Snider–Pellegrini）根据地球膨胀论提出大陆是侧向分离开来的（下图），并把《圣经》上提到的洪水看作大陆分离的主要原因。1889 年，达顿尝试用地壳均衡原理解释地壳升降运动。这是一个巨大的进步，但是"均衡说"只能解释大地的升降运动，无法解释水平运动。在19世纪，还有一种流行的学说——"地球收缩论"。这个学说认为，随着中心区域温度的下降，地球正在略微收缩，就像一颗皱缩的葡萄干一样，当时的地质学家以此来解释地球上山脉形成的原因。

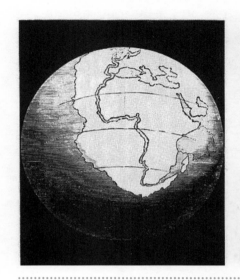

1858年，安东尼奥·斯奈德–佩莱格里尼制作的"之前和之后"地图，左图为美洲大陆和非洲大陆分离前，右图为分离后

在魏格纳之前，关于海陆形成问题的主流学说大致就是上述这些。我们可以看到，人们对于静态大陆的质疑早就开始了，大陆漂移学说其实有着较早的历史渊源。地球大陆原本连在一起的假设早在16世纪就出现了，一些早期的观察家们曾发现，各个大陆能够像拼图那样拼在一起。魏格纳在《大陆漂移学说》中也提到了一些先辈的观点，但只是做了简要介绍，这里我们不妨再补充整理一下：

1596年，荷兰绘图家亚伯拉罕·奥特柳斯指出，美洲大陆应该是由于地震和大洪水而被迫与欧洲大陆"分离"的；

1620年，英国哲学家弗朗西斯·培根提出，大西洋两岸海岸线的完美契合不可能仅仅是一种巧合；

1750年，法国博物学家乔治·德·布丰说，南美洲和非洲以前肯定是相连接的；

19世纪早期，德国地理学家亚历山大·冯·洪堡发现巴西与刚果的岩石非常相似，他认为这些大陆曾经连在一起；

1858年，法国地理学家安东尼奥·斯奈德-佩莱格里尼绘制了首批"之前和之后"系列世界地图，认为美洲曾经与欧洲、非洲连在一起；

1885年，奥地利地质学家爱德华·休斯注意到南半球各大陆上的岩层存在一致性，因而将它们拟合成一个单一大陆，称为冈瓦纳古陆（即南方大陆）；

20世纪初，美国地质学家弗兰克·泰勒和霍华德·贝克分别指出大陆曾经发生过位置变动。

上述这些观察家都提出了大陆漂移学说的原始思想，但是这些先行者们提出的都是零碎的见解。在这些理论之中，有的没有找到地质学证据支持，有的提出者并非专业人士，有的甚至带有神学色彩，因此一直以来都没有获得科学界的关注与认可。1912年阿尔弗雷德·魏格纳正式提出了大陆漂移学说，并首次系统地、完整地论证了这个学说，将其出版（因此有了本书），当时的科学界受到了巨大的震撼。

二、大陆漂移学说的创立方法

在人类历史上，每一次自然科学的重大突破，总是伴随着研究方法的变革和创新。作为现代板块学说产生的基础，魏格纳的大陆漂移学说自然也是如此。因此，我们要对魏格纳创立大陆漂移学说的独特方法进行简要分析，这能够帮助我们更好地理解这一学说。

1. 树立整体性研究的观念

就像前文所说的，在魏格纳之前，有很多人试图解释海陆的起源，但是都失败了，他们的假设和学说没有经受住时间和事实的考验。魏格纳的成功在很大程度上取决于他不同于前人的思维方式和方法——他不是孤立地看待各个局部地区和各个学科领域的资料，而是在全球范围内、在多学科研究的基础上综合地加以考察和研究。

　　我们都听说过魏格纳观察地图的故事：病床上的魏格纳在观察地图时，发现了大西洋两岸轮廓相吻合这一现象，这就是大陆漂移学说的开端。这个故事的后续是，魏格纳从地图上发现了这个奇妙的巧合并据此做出大胆设想后，并没有急于向世界公布自己的发现。在接下来的数年中，魏格纳专心进行科学研究，走遍了大西洋两岸，进行实地考察。为了给自己的学说寻找论据，他还大量收集、分析了海岸线的形状、地层、构造、岩相、古生物等多方面的资料，终于在1912年完成了本书，正式提出了大陆漂移学说。这就是一种由整体推向局部的思维方式。魏格纳首先形成了"地球原本只有一块大陆"的设想，然后据此推断今天的海陆分布应该是大陆分裂并漂移后的结果，如果假设是成立的，那么各大陆在分裂以前所形成的地层、矿藏、地质构造和古生物化石等，也应具有一致性。在这一整体性观念的指导下，魏格纳广泛地考察了当时地质学的研究成果，以检验这一观念在与事实论据相互作用时的准确程度和适用范围。除此之外，魏格纳还从大陆漂移的整体概念出发，系统地考察大陆与海洋的相互关系，提出"这个完整的大陆漂移概念必须从海洋与大陆块间的一定关系出发进行探讨"。尽管限于当时的技术条件与海洋研究资料的匮乏，魏格纳最终没有形成正确而深入的结论，但是现代地球科学的发展充分证明了魏格纳这种见解的正确性。而在他之前，近代地质学理论几乎都是片面地建立在大陆地质考察的基础上的。更为难得的是，魏格纳还把地球作为九大行星的一员放在太阳系这个整体中进行考察，从它们的相互作用中寻找大陆漂移的机制，指出地球自转的离心力和潮汐摩擦力是大陆漂移的原动力（虽然这种解释后来成为其学说的漏洞，但这种整体思维方式是值得肯定的）。

2. 将理论固定到不同学科的论据上

科学发现要有充分的证据支持，在这一点上，魏格纳在当时的时代条件下已经做到了最好。对于大陆漂移学说，魏格纳不仅仅停留在海岸线的高度吻合和凹凸相似性上，更关注大西洋两岸地质学和古生物学的相似性，从中寻求大陆漂移学说的客观证据。他从地理学、地貌学、地质学、物理学、古生物学、生物学、古气候学、大地测量学等不同的学科角度，对自己的学说进行了广泛而严格的审视和论证：从相似的海岸线角度出发，他对大西洋两岸的地貌进行了对比分析，发现两岸具有年龄相同的岩石，两岸岩石的纹理也是相吻合的；两岸岩层中有相同的动植物化石；两岸沉积物非常相似；两岸的许多动植物都有亲缘关系；两岸的山系、矿产、古气候等，都极为相似。相隔很远的两个大陆的古气候、地层、构造、岩相等的相似性、连续性是陆桥说解释不了的，却恰恰证明了大陆漂移学说的正确性。

3. 从"将今论古"到"以古论今"

莱伊尔"将今论古"的历史方法论给地质学带来了理性，这在地质学史上具有深远影响。魏格纳不但充分地运用了这一历史方法论，还由此推导出"以古论今"，即借由现实追溯历史，用历史解释现实，这样地球就成为一个现实的、历史的整体。

地质科学是研究地球历史的一门科学。我们生活的地球经过了几十亿年的演化和发展，整个地质过程是极其复杂而又无法重现的。因此，当我们研究地质过程时，必须根据地球的现状进行分析和推理，这就是"将今论古"。但是作为一种历史论方法，"将今论古"有一定的片面性，因为它一般应用现实的一个画面来推论历史的一个过程，也就是说，用一个相对静止的事实去推断它所经历的动态过程，这样做的准确性是要打上一个问号的。但是我们在用现实推论历史的时候，如果能够顾及历史某一事物与现实各种事物之间的对应与联系（"以古论今"），那么我们就有了一个辩证的、完整的历史方法论。在大陆漂移学说中，魏格纳正是运用了这样一种方法。比如，他先从大西洋两岸在海岸线和古生物方面的相似性入手，提出了大陆漂移的假说，"将今论古"，把大西洋两岸的地层和褶皱构造的联系以及亲缘生物分布的历史演化作为论证大陆漂移的历史证据；然后"以古论今"，用过去的大陆漂移运动来解释今天地球上海陆的分布状况，并成功预测了未来可能发生的地质作用。

三、大陆漂移学说的兴衰

1912年，魏格纳提出了自己的大地构造假说——大陆漂移学说，其主要内容如下。在古生代后期（3亿年前），地球上只有一块完整的原始大陆——泛大陆，其周围的海洋被称为泛大洋。这块原始大陆是由较轻的刚性的硅铝质构成的，它漂移在较重的黏性的硅镁质之上。后来，受天体潮汐力和地球自转时产生的离心力的影响，泛大陆分裂为几大块，这些轻质的硅铝陆壳在厚重的硅镁层上进行水平漂移，就像浮在水面上的冰山，彼此逐渐远离。南美洲与非洲、北美洲与欧洲都是从白垩纪开始分离的；印度洋的开裂则始于侏罗纪，印度因而紧紧地揳入亚洲，北部被埋于青藏高原之下；在始新世时，澳大利亚、新几内亚和南极大陆分离并向北移动，深入到太平洋，经过班达弧，最后到达它的东端。这些大陆的漂移塑造了现在地球上的大洲与大洋分布：美洲脱离了非洲和欧洲，中间留下来的空隙就是大西洋；非洲的一部分和亚洲告别，在漂离的过程中，它的南端略有偏转，渐渐与印巴次大陆脱开，诞生了印度洋。

今天我们再来看大陆漂移学说，很清楚魏格纳的理论基本上是正确的，这已经成为常识。但是在大陆漂移学说刚提出时，却遭到了许多讽刺和嘲笑。当时的地质学界对这位"外行"的革命性的想法很不以为然，而且魏格纳的理论并非完美的，比如他不认为是地球旋转时的离心力使得大陆发生离极漂移。现在看来，这个对大陆动力的解释是错误的，这也是大陆漂移学说遭到了固定论者强烈反对的原因之一。于是，到了20世纪30年代，大陆漂移学说便逐渐沉寂下去了。在魏格纳去世后的20年间，大陆漂移学说一度被人遗忘在故纸堆里，后来古地磁学的研究证明了南北极确实曾经互换过，新的证据使得魏格纳的大陆漂移学说成为"重新被发现的理论"。到了20世纪60年代，随着板块构造学的发展以及人们对深海大洋的钻探研究，大陆漂移学说才得以在新的动力学框架下复活，并获得了广泛认同。

1984 年8 月29 日，美国科学家获得了地球上的大陆缓慢而不间断地运动的实证。根据20世纪70年代以来的航天观测数据，欧洲和北美洲正随着大西洋的扩大而相互漂离得越来越远，夏威夷和南美洲逐渐靠近，西加利福尼亚最终将成为太平洋中的一个岛屿。

四、魏格纳的遗憾和成就

魏格纳的思想在他的一生中从未得到证实。为了给不被认可的大陆漂移学说寻找证据，1930年，50岁的魏格纳第四次踏上格陵兰岛，严酷的暴风雪和−60℃的极寒让他一去不返，长眠在了格陵兰的冰雪中。

正如天文学革命直到哥白尼的著作发表半个多世纪后才出现，地球科学革命也在魏格纳最初的著作发表50年后才得以发生。从这个角度来说，魏格纳的研究是科学发展的一个实例。就像我们在科学史中看到的，真正的科学假说无论在当时遭到怎样的冷遇，随着科学的发展，都将最终证明其正确性和意义。

魏格纳和他的著作《大陆漂移学说》之所以能够名垂科学史，是因为他以超凡的科学精神总结了19世纪以来包括地质学、地理学、气象学、海洋学和古生物学在内的所有研究进展，提出了革命性的理论，建立了地球科学的新模型，从固定论到移动论，为20世纪的地球物理学勾勒了壮丽的研究蓝图。最终，古地磁学、古生物学和海洋地质学的迅速发展，为大陆漂移学说提供了强有力的证据，在大陆漂移学说和海底扩张说的基础上建立起来的板块构造说，阐明了地球基本面貌形成和发展的过程，形成了一套为人们所信服和接受的地学理论。随着现代科学技术的发展，人们还能够直接测量到：美洲和欧洲的距离仍在不断扩大，红海的宽度也在逐渐增加。一切的一切都说明了"大陆漂移"仍在继续。

1980年，世界科学家相聚德国，隆重纪念魏格纳诞辰100周年，并高度评价了他的贡献。魏格纳提出的大陆漂移学说，被认为是与达尔文的生物进化论、爱因斯坦的相对论、宇宙大爆炸理论和量子论并列的百年以来最伟大的科学进展之一。为了纪念魏格纳，月球和火星上都有以他的名字命名的陨石坑，小行星29227也以他的名字命名；他遇难的格陵兰半岛则被命名为魏格纳半岛。1980年，德国布莱梅港还成立了魏格纳极地与海洋研究所，以纪念魏格纳百年诞辰。

五、关于大陆漂移学说

为了更好地呈现魏格纳大陆漂移学说的见解与观点，也为了确保内容的科学性、正确性，我们特别邀请了地质构造研究专家洪汉净研究员审定全文，并撰写每章内容详述与研究进展，以及书本的延伸阅读——从大陆漂移学说到板块构造学说，修正原书中由于时代背景而产生的少数错误，使读者能对大陆漂移学说有最翔实明确的认识。

洪汉净研究员在国内外具有很高的学术地位，他1969年毕业于北京大学地球化学专业，1986年获地震地质学博士学位。1984—1985年间及1988—1989年间在美国进修，1991年以来历任中国地震局地质研究所构造物理研究室副主任、孕震环境与火山动力学研究室主任、科技委员会主任，中国地震局火山研究中心主任，享受国务院政府特殊津贴。他于1996年担任第30届地质大会构造物理模拟与数值模拟中方召集人；1996年开始对活动火山进行研究，负责这一时期中国地震局的火山项目。他根据火山喷发与火山预测的特征，提出了中国火山喷发危险性评价等级；他将中国全新世活动火山分为四类，提出了中国火山应急等级，建立了火山预警的初步框架。

当然，在洪先生审查修改的基础上，本书编辑及翻译团队也进行了细致的审校、修改、再商榷、再完善，几易其稿，希望能够以工匠精神为读者打造一个正确而可信的版本。

爱因斯坦曾经说过："做科学研究，真正可贵的因素是直觉。"那么，接下来就让我们回溯曾在魏格纳头脑中闪现的一点灵光，重温百余年前魏格纳对地球科学的划时代思考。

白令海峡

挪威罗弗敦群岛

尼加拉瓜马萨亚火山

北冰洋

目 录 Contents

海洋中的冰山　　　格陵兰的纳萨尔苏瓦克　　　德国北部第三纪中期时的风景　　　阿纳喀拉喀托火山

第三部分　解释与结论

延伸阅读　从大陆漂移学说到板块构造学说

第一部分
大陆漂移学说的基本内容

The Origin of Continents and Oceans

第一章
大陆漂移学说概述

如果仔细观察被南大西洋分隔的相对的两条海岸线，我们会发现一个有趣的现象——巴西的海岸线与非洲的海岸线呈现出极为相似的形状。按照这种思路继续观察，我们可以看到在圣罗克角①（Cape Sao Roque）这个

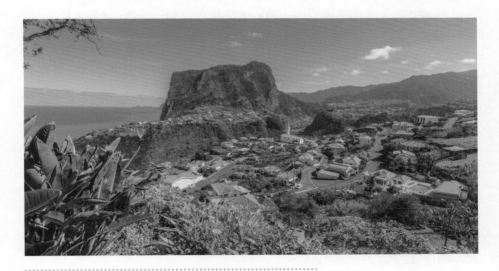

站在圣罗克角俯瞰村庄，还可以看到远处的亚速尔群岛

---

① 巴西东北大西洋岸的岬角，在北里约格朗德州。常被视作南美大陆最东点，但真正的最东点是其南南东向的布朗库角（Cabo Branco）。——译者注

地方，巴西的海岸线产生了一个凸出的大直角，而非洲海岸在喀麦隆海岸附近，也出现了类似的弯折，二者形状相吻合。不仅如此，在这两个对应地点的南部，巴西海岸有个凸出部分，非洲海岸就会对应地有一个海湾；反之，巴西海岸有一个海湾，那么与此海湾相对应的非洲海岸处必定会有一个凸出部分。如果在地球仪上测量一下，我们就会发现凸出和凹陷区域的大小基本一致。

这种有趣而又惊人的发现，就是我们关于地壳性质及其内部运动新理论研究的出发点。这种理论，我们称为大陆漂移学说。我们之所以如此称呼，是因为这个理论中的重要假定是这样的：在地质构造过程中，大陆板块是做水平移动的——即使现在，这样的移动恐怕还在继续进行。

根据这种考察，我们可以得出这样的结论：在数百万年以前，南美洲大陆曾与非洲大陆相连接，作为单一大陆块存在着，但在白垩纪时，这两部分开始分裂，就像漂浮于水中的冰山一样，移向不同方向，逐渐远离，形成了我们现在所见到的情形。北美洲的情形和南美洲完全相同，以前是和欧洲极为接近的大陆板块，至少美洲的纽芬兰以北、欧洲的爱尔兰以北原本是和格陵兰连在一起的整块大陆。然而在第三纪末期（北部开始于第四纪），格陵兰附近开始有了开裂的裂痕，并随之裂开了，分裂的部分就彼此漂移开来。

在这里，我们应该注意的是：浅海中的大陆架，我们都看作大陆块的一部分。因此，陆块的边界，在很多地方不能根据海岸线来确定，而应该根据深海底的陡坡来界定。

同样，南极大陆、澳洲及印度，在侏罗纪早期以前，曾与南非洲、南美洲相连接，共同构成了一个巨大的大陆（虽然也有被浅海覆盖的地方）。但在侏罗纪、白垩纪、第三纪的地质年代演进中，它们分裂开来，形成了多个大陆板块，向不同方向漂移，从而形成了相互远隔的陆地。下图表示的就是这些大陆板块在早石炭世、第三纪始新世以及第四纪更新世漂移的过程。印度的情况略有不同。印度原来是以一个长条形的地带（其大部分是被浅海覆盖的）与亚洲大陆相连接的，但自从印度与澳洲（侏罗纪）分离，又与马达加斯加岛（在白垩纪与第三纪之间）分离，就不断地移向亚洲。这个很长的板块因不断地受到挤压而发生褶皱，形成了现在全世界最大的褶皱山系——喜马拉雅山系，以及亚洲高原的许多褶皱山脉。

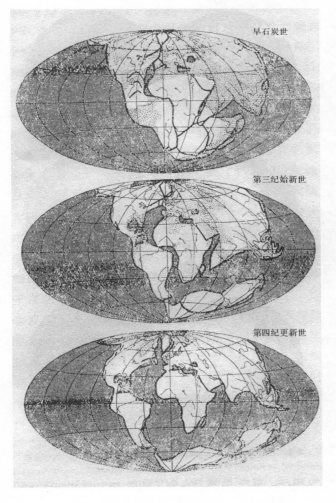

早石炭世

第三纪始新世

第四纪更新世

依照大陆漂移学说的三个时期的再造图：有阴影的地方——大洋；加点的地方——浅海；现在的海岸线及河道，不过为使读者容易明白而加上的。经纬度是刻意画上去的（大体上以现在非洲的经纬度为依据）

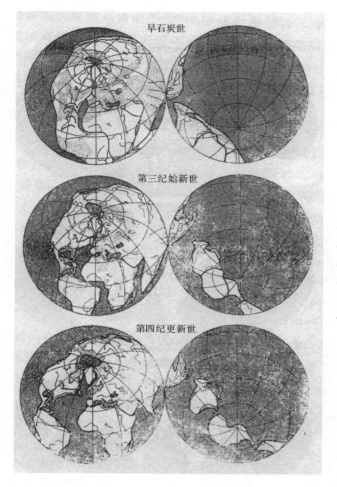

早石炭世

第三纪始新世

第四纪更新世

把上页图中相同的大陆板块用另一种投影方法来表示

　　此外，在别的地方，也存在着大陆块移动与山系起源的因果关系。例如，南、北美洲在向西移动之际，因受到非常古老的、完全冷却的、抵抗力极大的太平洋底的阻止，导致其前缘部分形成褶皱，形成了高大的安第斯山脉。在澳洲陆块（包含仅因浅海而与其分离的新几内亚岛）移动方向的前缘，同样有一个高耸的新几内亚山脉。通过看改造图，我们可以明白这个看似孤立的大陆板块在与南极大陆分离前后，运动方向有过一次突变。现在的东海岸，最早是处于其运动方向前端的。新西兰岛上的山脉是在该岛与澳洲大陆东海岸结合在一起的时候褶皱而成的，之后大陆板块改变运动方向，新西兰岛分离为岛弧①而遗留在那里了。不过现在澳大利亚东部的科迪勒拉山系的起源非常古老，与成为南北美两洲安第斯山系基础的褶皱是同时代产物，其山体在整个大陆板块移动之际形成于大陆板块的前端。

除了向西漂移之外，几乎所有大陆板块都曾在极广的范围内向赤道方向移动。这种移动促使当时的赤道带形成了第三纪褶皱带——自喜马拉雅山脉起，穿越阿尔卑斯山脉，至阿特拉斯山脉的褶皱带。

新西兰古海岸山脉曾经是澳洲大陆的边缘山脉，但后来形成了岛弧，这一点我们在上面已经说过。我们从它与澳洲大陆板块分离而形成的事实可推想出，一般的小板块都是在大陆板块向西移动时遗留下来的。在亚洲东部，同样有周边山脉分离为岛弧的小板块；大安的列斯群岛和小安的列斯群岛，也是在美洲中部移动时遗留下来的；在南极洲西部与火地岛之间的南安的列斯岛弧，也是同样的情况。事实上，尖端朝向子午线方向的陆块，它们的尖端都会由于这种分离与脱落而曲向东方，格陵兰的南尖端及佛罗里达、格雷厄姆地、火地岛的大陆架以及与印度分离后的斯里兰卡岛都是如此。

大陆漂移学说的所有思路，都是基于海洋与大陆块的关系而做的某种假定。假定的内容是：海洋与大陆块是完全不同的东西；大陆块完全浮沉于岩浆之中，大陆块的厚度约为100千米，而露出岩浆表面的部分，高度只有5千米。同时，岩浆露出深海海底。

---

① 岛弧：别称岛链、花彩列岛，是大陆与海洋盆地之间呈弧形分布的群岛，与强烈的火山活动、地震活动及造山作用过程相伴随的长形曲线状大洋岛链，主要分布在太平洋地区。——译者注

也就是说，地球最外层的岩石圈，现在并不完全覆盖整个地球（过去是否完全覆盖整个地球姑且不论）。在地质演化过程中，最外层的岩石圈因持续不断地受到挤压和发生褶皱，面积逐渐缩小，同时厚度逐渐增加，最终分裂为个别的较小的陆块。现在，陆地面积不过约占地球总面积的1/4而已。大洋底部成为地球岩石圈的内层的自由表面，它在大陆板块的下方也有存在。以上是从地球物理学角度来理解的大陆漂移学说。

本书的主要目的，就是要详细论证该理论。然而在这之前，我们需要把一些事实再陈述一下。

我最早产生大陆漂移想法的时间是1910年。有一天，我在看世界地图时，注意到大西洋两岸的海岸线极为相似，但这时候，我认为这种情形是偶然的，便没有在意。直到1911年秋，我无意中看了一篇论文，获知依据古生物学的证据，过去巴西曾与非洲相连接，而且这肯定是存在过的现

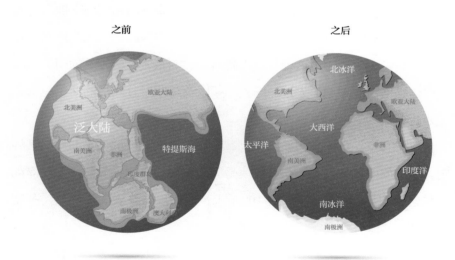

大陆漂移学说示意图：2亿年前的泛大陆与现代大陆

象。这引起了我的研究兴趣，我决定从大地测量学及古生物学两方面对这个问题进行深入研究。在研究过程中，我获得了确切的证据，可证明当初我所想象的是确切的事实。于是，1912年1月6日，在法兰克福召开的地质学会上，我做了题为"在地球物理学的基础上论大陆与海洋地壳大尺度特征的演化"的演讲，首次提出了这个理论。接着，1912年1月10日，我在马尔堡市（Marburg）自然科学促进会的会议上，做了题为"大陆的水平位移"的演讲，同时把大陆漂移学说公之于众。

之后，我分别在1912年和1913年参加了科赫领导的横跨格陵兰考察队，后来因为要服兵役，没有精力对大陆漂移学说做进一步的研究。直到1915年，我在较长的疗养假期内对该学说做了详细的研究，写就了本书，将其作为"费威希丛书"之一出版。第一次世界大战结束之后，到了必须出版第2版的时候，本书从"费威希丛书"移到了"科学丛书"中，借此机会我对本书进行了大量的增补和修订——从该学说的基本观点出发，我搜集和整理了大量参考文献，现在这个版本是将之前版本完全改写后才出版的。

在查找参考文献的时候，与我的观点很相似的前辈学者的著作，我就发现了好几种。整个地壳都在旋转（即地壳的各部分虽然在旋转，但其相对位置不变）的观点，科尔堡（Colberg）、D. 克莱希格威尔（D. Kreichgauer）、约翰·伊文思（John Evans）等早已论述过。在H. 惠兹坦因（H. Wettstein）的重要著作中，也表述了大陆具有大规模相对水平移动的倾向，但其著作中不合理的地方颇多。按照他的说法，大陆（他不把大陆架视为大陆的一部分）不仅在移动，而且在变形——所有大陆都因太阳对地球黏性体的潮汐引力而向西漂移着。E. H. L. 斯瓦尔茨（E. H. L. Schwarz）也持相同观点。但他认为现在的大洋是大陆沉陷后形成的，因此对于研究地貌形状的地理学只能表述一些空洞的意见，此处不再赘述。

泰国楠府诗楠国家公园中的地质风景。克苏亚（Khok Suea）是第三纪末期地壳运动和水、风自然侵蚀形成的奇特土层，是由土状堆积物组成的柱状地形地貌，与帕府的"鬼林"景点地貌特征有异曲同工之妙

我还曾在一篇论文中看到皮克林（Pickering）也跟我一样，因为注意到南大西洋两侧的海岸线极为相似，而想象美洲是与欧非大陆分离后向大西洋方向横向移动形成的。追溯这几个大陆的历史，我们不得不承认它们直到白垩纪还连接在一起，可是皮克林认为它们在白垩纪以前就分离了，并且认为它们的分离与月球从地球中分裂出去有关系。这种月球起源说也颇有市场，G. H. 达尔文（G. H. Darwin）经过研究，认为月球在地球上的遗迹就是现在的太平洋盆地（这种假说虽有很多地质学者同意，但其实完全是一种假设）。

此外，F. B. 泰勒（F. B. Taylor）的观点也与大陆漂移学说的观点极为相近。他于1910年出版的著作中，提到各大陆在第三纪时曾发生过很明显的水平移动，且其移动与第三纪褶皱山系的形成有关。比如，他对格陵兰岛从北美洲分离出去这个事实的解释，就与大陆漂移学说的观点相符。对于大西洋，他认为其中一部分海域是因美洲陆块的分离与漂移产生的，但大部分海域是大陆板块沉陷所致，中央大西洋底的隆起地带是由那些沉陷的大陆板块导致的。泰勒和克莱希格威尔一样，认为大山脉之所以像现在这样分布，主要是因为大陆板块的离极漂移，大陆的相对移动仅起到次要的作用。

　　当我读到上述著作时，大陆漂移学说已大体形成，其中有些著作是在我做出大陆漂移假设以后才知道的。与本书所述的大陆漂移学说相似的论点，以后也许能在其他作者的文献中发现。此处不再赘述。

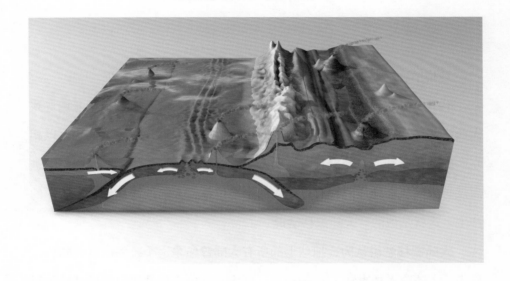

板块构造示意图

专家评述与研究进展

魏格纳在这一章介绍了大陆漂移学说的梗概及其产生过程。

1910年，为巴西和非洲海岸线轮廓的相似性所吸引，魏格纳开始寻找大西洋两岸大陆地质构造、古生物、古气候的相似点，发现了一些可以相互匹配的化石和岩石证据，可证明两岸大陆曾经是连在一起的。魏格纳进而设想大陆块在地质时代有过巨大的水平位移，大陆的漂移导致了海洋的产生，这就是他的"大陆漂移学说"。

大陆漂移学说认为，地球上的所有大陆曾经是一个统一的巨大陆块，称为泛大陆或潘加古陆（pangaea）。泛大陆在中生代侏罗纪以后开始分裂并向外漂移，就像漂浮在水上的冰块一样长距离漂移，逐渐达到现在的位置。较轻硅铝质的大陆块漂浮在较重的黏性的硅镁层之上，潮汐力和离极力的作用使泛大陆破裂并与其下伏的硅镁层分离，向西、向赤道方向做大规模水平漂移。这两种漂移与地球自转的两种分力有关：一种是向西漂移的潮汐力；另一种是指向赤道的离极力。

1930年魏格纳在格陵兰探险中遇难，大陆漂移学说的发展也按了暂停键。

但是人类从未停止追求真理的脚步。大陆漂移学说发表以来的一百多年，地质科学进行了艰苦的探索，首先古地磁研究证明了大陆有过巨大的水平移动，20世纪60年代大规模的海底地质调查，还原了大洋地壳从产生到消亡的完整过程。随着地磁学、地震学与卫星观测的发展，大陆漂移学说获得了新的生长点，逐步发展为海底扩张说与板块构造说。

在发展过程中，大陆漂移学说的几个主要概念发生了改变，最重要的是主要研究对象（学说的主角）由"大陆块"变为"岩石圈板块"。

魏格纳的研究对象是浮在硅镁层上漂移的大陆，他认为大陆块的厚度约为100千米，按照地热梯度外推，100千米之下可能接近熔融状态。现在看来这个厚度显然不对，大陆地壳平均厚度只有33千米，最厚的青藏高原处的地壳也只有70千米左右厚。

地球物理研究发现，大陆硅铝层之下的硅镁质上部并没有地震波低速层，这里的硅镁层既没有足够的温度熔化，又没有水平错动的迹象。能够产生水平相对运动的是大陆地壳下的上地幔软流圈的低速层。这个概念是古登堡在1926年提出的。这里的地震波波速明显下降。据推测，这里的温度约1300℃，压力有3万个标准大气压，已接近岩石的熔点，因此形成了硅镁质的塑性体，在压力的长期作用下，其以半黏性状态缓慢流动着。

由于大陆与下伏的部分硅镁质地幔是联系在一起的，故板块学说中的岩石圈比大陆地壳厚得多，既包括大陆地壳硅铝层上中地壳、硅镁层下地壳，又包括地壳下的一部分上地幔（软流圈之上的地幔）。

另外，板块学说中的板块比魏格纳的大陆块范围要大，地球表面的板块不仅有大陆板块，还有海洋板块。一些板块既包括大陆，又包括大洋。

魏格纳的大陆漂移学说认为大陆自身受力，是主动漂移的；而在板块学说中，大陆是被动移动的，是被下面的硅镁层带着的。这是由于它们密度较小，通常会受到浮力作用并能逃脱被消减的命运，成为输送带上稳定的被动浮性块。

魏格纳的大陆漂移运动有向西和向赤道两种方向，相应的力有两种——离极作用力和潮汐摩擦力，都是与地球自转有关的力。而板块学说中板块运动方向各个方向都有。板块运动开启之后板块可以自己驱动，主要的驱动力有：俯冲板片的负浮力、大洋中脊的推力以及地幔的拖曳力或阻力。

大陆漂移学说中的大陆是容易变形的，可以发生褶皱和破裂；而板块学说认为岩石圈板块可以视为刚体，板块变形主要发生在板块边缘和热点处，流动性主要体现在岩石圈板块之下的软流圈，以及更深的地幔对流。

板块学说比大陆漂移学说有很大的进步，是在大陆漂移学说基础上建立的。正是大陆漂移学说开创了地球学史上的新纪元，勇敢地向当时占统治地位的固定说挑战，从而引发了一场全球地质学界伟大的思想变革。魏格纳的大陆漂移理论给我们留下了丰富的遗产。最主要的是大陆的水平漂移，挑战了当时根深蒂固的固定说，他的泛大陆的概念影响深远；另一个重要的突破是他把地球表面分成两类——陆地和大洋底，开创了地学向大洋、向深部探索的道路。至今仍有不少人沿用他的硅铝层和硅镁层的概念。太平洋和大西洋两种海岸的区别为主动和被动两种大陆边缘的研究奠定了基础。此外，我们还可以从中看到离散、汇聚和剪切三种板块边界的雏形。

这是一百多年前的著作，难免会留下一些时代的印记，在科技迅猛发展的时代，我们会读到一些过时的观点。然而我们不时会发现其中无法掩盖的思想光芒，到处浸透着魏格纳勇于突破传统的探索精神、非凡的勇气和自信、丰富的想象力和严谨的科学思维。

第二章
与冷缩说、陆桥说及大洋永存说的关系

　　现在①，几乎每一个地质学者都曾受到过"地球是冷却收缩形成的"思想的影响。支持冷缩说的学者以达纳（Dana）、艾伯特·海姆（Albert Heim）及休斯为代表。直至现在，这种学说还可见于地质学教科书中，如 E. 凯塞尔（E. Kayser）、L. 科贝尔（L. Kober）的书中。冷缩说认为，地球就像一个逐渐干瘪的苹果，因为内部失去水分而使其表面皱缩起来。也

意大利伦巴第大区贝尔加莫阿尔卑斯山。阿尔卑斯山位于欧洲中南部，跨越意大利北部、法国东南部、瑞士、列支敦士登、奥地利、德国南部及斯洛文尼亚

---

① 指20世纪20年代。——译者注

就是说，内部的冷却收缩，使地表产生了所谓的山的"皱纹"——褶皱山脉。"我们生存的时代正是地球走向瓦解的时代"，休斯这一句简洁的话，直接表明了这个学说的内涵。冷缩说长期主导着我们对地质学的认知，具有一定的历史价值。其被引用的时间特别

阿尔卑斯山岩层

长，被应用于各方面的研究，也曾获得多方面的成果。因为这个缘故，基本概念非常简洁的冷缩说仍然有着坚定的支持者。也因为冷缩说被应用于多方面，故大众对其怀有一种难以割舍的心情。但是，冷缩说的主要观点是与地球物理学的最新研究成果相矛盾的，就连地质学的研究成果也逐渐与冷缩说相背离——这已经是不容置疑的事实。

　　用冷缩说解释山脉的生成，本已十分困难。人们在阿尔卑斯山脉中发现的覆瓦状平推褶皱式倒转褶皱，使原本就经不起推敲的冷缩说更站不住脚了。关于阿尔卑斯山脉及其他山脉的生成，如果依照贝特朗（Bertrand）、沙尔特（Schardt）、吕格翁（Lugeon）等著作中所介绍的新观念，人们会得出一个比早期计算的更大的皱缩量。A. 海姆按照旧学说计算所得的结果是，阿尔卑斯山脉皱缩了1/2的距离，但如果按照现在所公认的平推褶皱构

造模式来计算，阿尔卑斯山脉必须皱缩到原距离的1/4或1/8。

　　进一步说，现在阿尔卑斯山地宽度约为150千米，这是由以前宽度为600~1200千米的地壳冷缩聚拢而成的。这么巨大的变化，如果将其一切原因归为地球内部温度下降，是一定会失败的。对于这一点，E. 凯塞尔有如下说法：1200千米地壳的皱缩，在地球表面上，皱缩的长度不过3%而已，所以地球的半径也仅缩小3%，这个数字虽然看起来不大，但如果计算一下温度变化，数据就非常可观了。计算铁（0.000012K^{-1}）、镍（0.000013K^{-1}）、方解石（0.000015K^{-1}）、石英（0.00001K^{-1}）四种物质的平均线膨胀系数，得其平均值为0.0000125K^{-1}，再根据此平均值计算，那么仅仅解释第三纪时生成的褶皱，地球的温度就需要下降约2400℃。如果推至更早的时代，那时褶皱现象（构造运动）普遍发生，温度下降的数值就会更大了。但这与理论物理学的计算结果相矛盾。就现在从地球内部向表面流失的极微弱的热量来看，如果按照劳德·开尔文（Lord Kelvin）的方法计算，过去地球绝不可能有这样高的温度。不过，鲁兹基（Rudzki）指出，开尔文进行计算时未将压缩时的重力作用考虑进去，如果将重力作用纳入考虑，那么地球的热量虽然会流失，但地球的温度还是几乎不变的，这样就会仍然产生收缩现象。但鲁兹基接着指出："上面所引用的膨胀系数，是在地球内部较小压力下的数据。如果情况真是这样，那么开尔文的计算也许是准确的。"总之，理论物理学的相关理论还不能在这个问题上得出确切的结论。

　　人们对于镭的研究好像能给我们一些启示。镭因自然衰变会释放出大量的热，据乔利（Joly）测定，该元素在岩石中虽然含量较少，但分布很广，如果直至地球核心均含有这种元素，按照地表所含镭的比例计算，那么地球不断流失的热量（这可依据矿坑深度与温度间的关系计算出），用镭所释放的热量来补充，恐怕还有剩余。

空间视角下的地球截面，我们可以看到地壳、地幔、地核三个圈层。地核是地球的核心部分，位于地球的最内部，半径约为 3470 千米，主要由铁、镍元素组成，密度高——地核物质的平均密度大约为 10.7 克／厘米^3，温度非常高，有 4000~6800℃

　　但按照R. 斯特洛特（R. Strutt）的看法，镭是仅存于地球最外层的，所以这种见解的正确性还有待考察。但无论如何，冷缩说的所谓地球因放出热量而显著收缩的观点已经过时。此外，我们也不能否认这样一个结论，那就是地球的含热量目前尚在增加。

　　退一步说，假定有过这样的收缩，我们就不得不接受A. 海姆的假说，即一个大圆球整体的收缩仅集中在大圆球的某一点上。这种说法是无法成立的，因为在这个假说中还包含着所谓"在地壳内部把压力转移180°的弧度"，这在现在看来是有点荒谬的。阿姆斐雷尔（Ampferer）、赖尔（Reyer）、鲁兹基、安德雷等学者都反对这种说法，认为地球的收缩就像干瘪的苹果皱皮那样，必须在地球全表面发生。我也认同这种观点。最近F. 科斯马特（F. Koszmat）一再强调："要想解释山岳的形成，无论如何都要先考虑大规模的地球切线方向的地壳运动，而这一点与冷缩说不符。"由于一再碰到这样的质疑，陈旧的冷缩说可用下述文字进行概括：冷缩说很早以前就已经让人无法认可，但能取而代之并足以解释一切事实的新理论还没有出现。[1]

但是在我看来，冷缩说不得不被完全否定的主要原因，在于下述问题——海洋盆地与大陆块的问题。A. 海姆在这个问题上有所研究，他说："对于过去的大陆变化，除非我们完全测定了多数山脉的平均收缩量，否则对于山脉形成及大陆间的关系，我们无法有切实的了解。"现在我们越来越频繁地测量各大洋的深度，宽阔而平坦的大洋底面和同样平旷的大陆表面高度差（约5千米）也越来越明显，因此这个问题的解决变得越来越迫切。1918年，E. 凯塞尔做了如下叙述：

山脉的形成三维图，从中我们可以清楚地看到地层中的土壤、岩石及其层理

---

[1] 见博斯所著的《论地震》。

"一切地面上的隆起与体积巨大的大陆块相比，都只是极细微的东西，甚至喜马拉雅那样高的山脉，在体积巨大的大陆块的表面也不过是一个不起眼的'小皱纹'。由此可见，山脉是大陆的骨架这种旧见解，现在已经不堪一

黑山共和国杜米托尔国家公园内的褶皱山脉，折叠的沉积岩层暴露了出来

击……必须反过来这样认为：大陆是山脉生成的决定性因素，是支配山脉生成的主体，山脉不过是从属于大陆的新生成物。"这些体积巨大的大陆块的生成用冷缩说应当怎么解释呢？其解释如下：在地壳普遍下沉之际，其中的特殊部分因受到拱形压力的作用，形成了阶梯状或尖塔形的地形而留在了地表。但这样的说法并不能解释受到影响的地表为何如此广大。这种静止的到处作用着的所谓拱形压力，早已被汉格塞尔在理论上否定过了，它和正在发展的且日益被证实的地壳均衡说（即地壳漂浮在可塑性底层之上的学说）相矛盾。

冷缩说的另一种观点，也就是赖尔所主张的深海海底的隆升与大陆块的沉降是不断循环变化的，在理论上也和大洋永存说相矛盾。当然，大洋永存说我们不能完全接受，这一点以后再详述，但其对冷缩说所做的批评是完全正确的。按照公认的地壳均衡说的观点，大陆整体沉降5千米深，这在物理学上几乎是不可能的事。另一方面，我们应该注意到一个事实，即现在大陆上的海洋沉积物都不是深海处的东西（虽然也有极少的例外），基本上是浅海处的沉积物。所以，冷缩说对于解释地球外部的整体轮廓（海陆情况）已完全没有说服力，这一点已经很清楚了。

　　而大陆漂移学说能扫除上述一切困难。根据大陆漂移学说，褶皱山脉形成的原因可以假定为水平方向的显著收缩。事实上，也只有在大陆漂移学说的基础上，这种收缩才可能发生。因为如果地壳发生了收缩，而地球整体并不同时按比例缩小，那么地壳的某部分一旦发生收缩，另一部分就会断裂。这样一来，地球最外层的岩石圈就不能覆盖整个地球表面了。这个结论是自然而然的。此外，对于大陆块与大洋底差别的存在，除了这个学说，恐怕再无其他学说可以解释。因此，大陆漂移学说当然应取代冷缩说，冷缩说应该被彻底抛弃。

　　我们还应该进一步说明的是陆桥说及与其观点相左的大洋永存说的问

冰川中的一个猛犸象家族。最后一次冰期在2万年前达到鼎盛期，那时北美洲与欧亚北部的大片陆地都覆盖着冰川。大约1.5万年前，西伯利亚东北部的人类族群越过白令海峡陆桥进入北美洲

题。陆桥说（也叫作陆桥沉没说）的主要观点是连接大陆间的陆桥已经沉没。对这两种理论，大陆漂移学说的立场与对冷缩说完全不同。这两种理论在争论时各自所持的论据虽然都是正确的，但双方的论据都仅立足于有利于己方的部分事实材料上，在其他事实面前无法成立，故这样的理论是不够客观的。大陆漂移学说则不然，它能够解释全部的事实，满足上述两种学说的一切合理要求，让两种敌对的学说达成和解。为了做到这一点，我们在这里必须做一些详细的说明。

相信各大陆之间曾有陆桥相连的陆桥说学者认为，现在互相远离的相邻大陆上的动植物之所以有密切的亲缘关系，一定是因为以前这些广大的陆地曾处于连接状态。现在，越来越多的资料被发现，人们对于陆桥的构想也越来越具体。现在多数专家已经一致承认重要陆桥存在①，但也不乏"只知其一，不知其二"的人。关于这一点，还希望读者重点读一读第五章中多位专家的不同意见。参照他们的意见，就可以理清下述事实：北美洲与欧洲间的陆桥肯定存在（虽时断时续），到了冰川时期已经全部被破坏掉了；非洲与南美洲之间也存在过陆桥，是在白垩纪时消失的；被称为雷姆利亚陆桥的马达加斯加岛与印度之间的陆桥，至第三纪初期已经消失；自非洲穿越马达加斯加岛、印度而至澳洲的贡瓦纳（Gondwana）陆

---

① "直到今天还有反对陆桥说的人。其中，G.普费弗尔（G. Pfeffer）的反对最为强烈。他反对的理由仅限于南半球的多种生物在北半球也能发现其化石这一点。他认为这些生物曾经是分布于全球范围内的。这样的结论，我们当然不可能承认。我们很难接受这样的假定——在北半球没有发现同类化石证据，仅仅在南半球发现有部分分布，就认为该种生物过去是在全球范围内分布的。即便用北大陆及地中海桥的通道来解释这些生物特殊的地理分布，也是令人难以置信的。因此，尽管自然界中确实存在一些特殊的例子，但我们认为：南大陆生物的亲缘关系用陆地曾经相连接的理论来解释，比生物从北大陆迁移出去的说法要可信得多。"上述内容摘自阿尔特脱（Arldt）所著的《南大西洋的诞生》。

清晨的白令海峡。该海峡连接楚科奇海和白令海

桥，在侏罗纪初期也不复存在。南美洲与澳洲间有陆桥连接虽无可置疑，但只有少数专家认为南太平洋中有陆桥存在，大部分人认为这个陆桥是以南极洲为中间桥梁的。他们之所以这样认为，是因为南极洲处于两大陆间的最短距离上，而且在两大陆上存在具有亲缘关系的生物种类——都只限于耐寒物种。

此外，他们还认为现在的很多浅海都是过去的陆桥，相信陆桥说的人们直到现在也没有把深海区的陆桥与浅海区的陆桥加以区别。在此处我们必须说明的是：大陆漂移学说仅限于讨论深海区的陆桥，并对此提出新的理论。至于像北美洲与西伯利亚之间的白令海峡这样的浅海区的陆桥，用过去的陆地沉降复隆起的理论解释还是没有什么争议的。

虽然迪纳尔（Diener）在其论文中反对我们的观点，但这些反对意见充满了误解，并且这些误解大部分已经由柯本在其论文《关于均衡说与大陆的性质》中予以解释和说明了。例如，迪纳尔有这样的误解："北美洲与欧洲接近的过程中，它和亚洲大陆的联系必然在白令海峡处撕裂。"迪纳尔的该观点，是在看了墨卡托（Mercator）投影地图后想到的。我们只要拿一个地球仪来观察，这个误解立刻就可以消除。总之，只要一想到地球是以北美洲的阿拉斯加为顶点旋转的，人们就不会再有这样的误解。

陆桥说的信奉者，实际上确实持有强有力的论据，可论证现在相互远离的大陆间，过去曾有宽广的陆地相连接，如根据不同地区化石中动植物的相同种类以及现有动植物的亲缘关系来判断，这是无可置疑的事实。他们假定这些陆桥后来深深沉没而成为现在的洋底。主张冷缩说的人根本不曾对此加以推敲，就将其认定为想当然的事和已经确定了的事。但实际上，这一点还可以应用大陆的水平移动进行解释。借L. V. 乌皮希（L. V. Ubisch）的话来说：大陆漂移学说与现有的陆桥说的假定是相同的，但前者的解释更为有力。现在这些大陆相距如此遥远，大陆上动植物的亲缘关系却如此密切——即使假定过去生物能够通过中间大陆进行物种交换，这依然是一个谜。

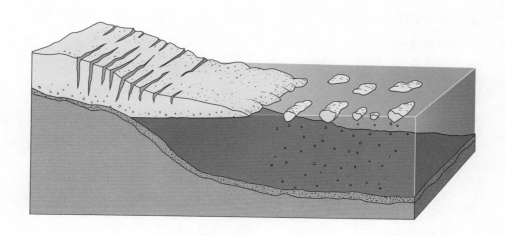

冰川、海洋沉积物示意图。海洋沉积物是指以海水为介质沉积在海底的物质。沉积作用一般可分为物理沉积作用、化学沉积作用和生物沉积作用3种

地中海海岸线俯瞰景观

　　反对陆桥说的大洋永存说的信奉者真正有力的论据不是来自生物学，而是来自地球物理学。这里所说的反对，并非反对过去陆地相连接，而只是对陆桥的存在表示反对。第一个论据正如上面所述，深海沉积物在大陆上并不是普遍存在的。从这一点出发进行推测，则大陆块无疑是"永存的"。原来被认为是深海沉积物的，已经被最新的研究证明其实是浅海沉积物。例如，卡育（Cayeux）就证明了浅海沉积物形成于白垩纪。此外，阿尔卑斯非灰质的放射虫泥以及赤色深海黏土（被认为是深海处所特有的红色黏土）等极少数物质现在还被认为是在深海处生成的。我们这样判断的主要理由是：只有在深海中，海水才能与石灰相作用，并将该物质溶解。[1]但对于这些发现的解释，至今还没有定论，主流观点认为是沉积在1~2千米的海中。如果真是这样，那么仍应归为浅海。即使我们按照科斯

―――――――――
[1]　关于大洋沉淀的详细叙述，参见乌皮希所著的《魏格纳的大陆漂移学说与动物地理学》1~13页。

马特、安德雷的说法，认为阿尔卑斯放射虫泥形成于4~5千米深度处，但这些深海沉积物所占的面积与整个大陆面积相比非常小，因此大陆块永存的论断仍不会因此动摇。假使我们将这个极罕见的例外也忽略不计，那么我们可以认为现在的大陆在历史上从不曾沉入过洋底。自远古到现在，我们所见的大陆依然是原来的大陆。因此，如果我们认可如赖尔所主张的大陆反复沉没隆起的理论，就只能认为永恒存在的大陆曾经不时地被浅海覆盖过。

因此，深海区域曾有陆桥存在的假设遇到了挑战，即如果在某处陆桥隆升的时候，他处海底不做相同程度的下沉，那么此时的洋盆面积一定大为减小，空间不足以容纳全部海水。这样，已经沉没的陆桥重新隆升，必将使海平面变得非常高，除了极高的山脉，所有的新旧大陆都将被淹没。换句话说，陆桥存在的假定无法达到预期的目的。威利斯（Willis）和彭克（Penck）等人为了避开这个难点，不得不给出毫无根据的说法：地球上的海水量随着陆桥的沉没而做相同程度的增加。但是，从未有一人认真提出这个假定。比较可能的情况是，地球上的海水量从古至今大体不变，这带来的结果必然是——大陆块的大部分区域在各个地质时代都是露出海平面的，所以深海的总面积大体不变。这样说起来，大陆又确实像我们今天所想的那样"永存"了，从不曾改变位置，而各大洋也是"永存"的了。

大洋永存说的信奉者往往会把地壳均衡说中的地球物理学事实（地壳浮在下层岩浆之上，同时保持着平衡的事实）作为论据。根据这个理论，较轻的地壳表层漂浮在稍重的下层岩浆之上，就像是一块木头漂浮在水上一样，如果在上面加上重物，吃水就会变深。在某种情形下，比如在大陆冰川时期，按照阿基米德原理，大陆在冰块的重压下会更多地沉入下层岩浆中，冰块一旦融化，大陆与海平面相交处的海岸线就会随之升高。因此，如果以海岸线为标准，根据吉尔所绘制的等升线图，则斯堪的纳维

斯堪的纳维亚半岛鸟瞰图，美国宇航局（NASA）提供

亚半岛的中部地区在最近的一次冰期中至少下沉了250米。当然，越远离冰川中心部分，下沉的幅度越小；在大冰期中，下沉的幅度肯定更大。鲁兹基基于地壳均衡说的假定计算了大陆冰川的厚度，得到了这些数值：斯堪的纳维亚半岛处约为930米，北美洲约为1670米，而北美洲陆地的沉降幅度是500米。由于下层岩浆是明显的黏性流体，流动起来并不像水那样容易，那么达到均衡状态的补偿性运动必然极为滞后，因此大陆与海平面相交处的海岸线是在冰川已经融化而地壳尚未上升的时候形成的。实际上，斯堪的纳维亚半岛至今尚以每百年约1米的速度上升着。正如奥斯蒙德·费希尔（Osmond Fisher）所想（他大概早就想到了）的那样，陆块也会因沉积层的堆积而沉降。表面沉积物的增多会使得陆块发生沉降，尽管这个过程会略延迟一些，但总是会发生的。陆块一面沉降，一面继续形成新的堆积，因此大陆表面几乎维持着与以前同样的高度。于是，即使在浅海中，也能形成厚达数千米的沉积层。

普拉特（Pratt）认为重力测量是地壳均衡说（"均衡"一词是达顿于1892年提出的）的物理学基础。1855

年，普拉特证实了喜马拉雅山脉并不会对铅垂线测验产生如我们所预期的引力[1]。这种情形可以使我们做一推论，即巨大山系的重力并不会产生如我们所预期的偏差值。这样看来，喜马拉雅山脉的地下部分似乎存在某种物质的质量不足，因此以山的质量来抵偿。关于这一点，艾利（Airy）、法埃（Faye）、赫尔默特（Helmert）[2]等均有论述。最近，科斯马特也在一篇非常简明的论文中论证了这一点。海洋的情况另当别论。大洋盆地处虽然看起来存在巨大的凹陷，质量也因此减少，但如果试测其重力值，数值大致是正常的。早些时候对于大洋中岛屿的重力值，有各种不同的说法。但黑克尔（Hecker）曾在大西洋、印度洋及太平洋的数次航行中进行过重力测量工作，并且获得了确切结果。在海上虽不能用重力摆来测定重力，但是按照摩恩（Mohn）想出的方法——把水银气压表和沸点温度表相对照——就可以在船上测定重力。黑克尔就是用的这种办法获得了成功。大洋盆地外观上的物质质量不足，必然可用地壳中物质的质量过剩来补偿，这种情形正好与山脉处的情形相反。地球的这种地壳下有些地方物质过剩，有些地方物质又不足的情形究竟是如何产生的，不同时代有着不同的解释。普拉特的推测为：原始的地壳是由厚重的黏性物质构成的，它膨胀的地方成了大陆，凹陷的地方就成了大洋。赫尔默特和海福特（Hayford）对这个理论继续扩展，并一般将其应用于说明重力测量结果。

不过，近些年来，关于这个问题人们又有了新见解。这种新见解是艾利在1859年率先提出的，后来因为舒韦达尔（Schweydar）的进一步研究而

---

① 在距离喜马拉雅山脉约80.5千米的恒河平原上，有一处名为卡利亚纳的地方，铅垂线的向北偏差仅为1″，而山体的引力应该产生58″的偏向。

② 赫尔默特（1843—1917），德国大地测量学家。他第一次系统地论述了最小乘法平差计算的理论，所阐述的"等值观测"理论是相关观测理论的基础。在现代误差分析和误差统计方面，赫尔默特首先提出了分析函数。——译者注

获得了学界认可。根据该见解，大陆是漂浮在下层较重物质（岩浆）上面的质量较轻的陆块。其中，在山脉下面的地壳因为比其他地方更厚，所以该处下层较重的岩浆就被下压到更深处（参见下图）。与此相反，大洋下面的地壳是非常薄的（根据大陆漂移学说，大洋下面连这样薄的外壳也是不存在的），与山脉处的情形正好相反。地壳均衡说的发展方向主要是解决它的应用范围问题。对于整块大陆或整个大洋这样大范围的区域，这种均衡当然是没问题的。但是这种均衡并不是普适的，比如某个山区就不适用。这样小范围的陆地，就好像是碎冰块上的石头，仅仅靠着冰块的浮力支撑着。这时的均衡应该将冰块和石头看作一个整体，均衡是在这个整体与水之间发生的。我们只要查一下大陆上的重力测量结果就会明白，在直径达数百千米且有山的大洲上，很少会有违背地壳均衡说的情况；如果是在直径数十千米的陆块上，就只有局部的代偿性调节；如果是在直径数千米的小陆块上，那么连代偿性调节都很难存在了。

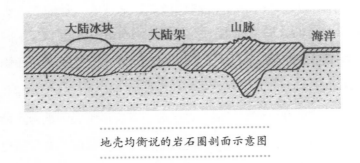

地壳均衡说的岩石圈剖面示意图

地壳均衡说认为地壳是漂浮着的，这种学说已经被各种观测（尤其是重力观测）结果证实，在现在的地球物理学中可以被视为基本概念了。

按照上述学说，我们可以得出以下结论：深海海底整体上升到露出海面，或者大陆（尤其是没有巨大山脉载重的大陆）沉入深海，变为深海海底，是绝对不可能发生的。而数百米左右的高度变化倒是可能发生的，这个高度的升降可以使部分陆地有时浮现于海上，有时又沉入海中。举例来说，磁极移动后，地球会变为旋转的新椭球体，海洋会适应得比较快，大陆块却不能立刻因地球旋转轴的改变而变形，这就会导致一些微小的升降。这样的情形我们很容易想到。但是，我们不能因此认为这种变化与移山填海式的巨大变化之间不过是程度上的差异，这是完全

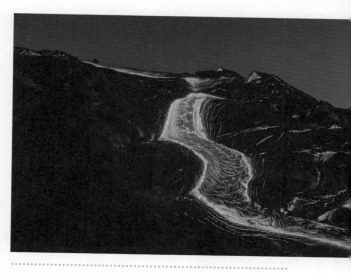

绳状熔岩沿着悬崖流下。绳状熔岩是地壳熔岩流表层局部受到不同程度的推挤、扭动、卷曲而形成的，外表与钢丝绳、麻绳、草绳等极为相似，表面粗糙，成束出现

错误的想法。如果这样的情况发生，就相当于地壳上层频率（第三章会继续说明）最大值的地方跳跃到地壳下部频率最大值的地方，这是不可能的，也无法解释为什么地面一定要向深海海底沉降、中间层在哪里、大洋底部为什么如此平坦等问题，至少从物理学角度无法解释。

　　大洋永存说的信奉者对于陆桥说深信不疑，但是其从"大陆从古至今并没有巨大变动"这个正确的前提出发推导出了错误的结论。威利斯曾经说过："大洋盆地就是地球海陆永存的证明。自从储水以来，它的轮廓只有少许变化，位置却没有发生

地球磁力线示意图

变化。"[1]。此外，索格尔也曾提出过相对折中的主张，认为一些小型的陆地可以缩小为大洋边缘的陆桥。这样的说法我并不认可，因为一方面其很难解释生物的亲缘关系，另一方面，物理学也不支持这种说法。如果我们考虑大陆的水平移动，那么只能认可大洋永存说其中的一点，即大陆及大洋的总面积（大陆板块因压缩在面积上随时间发生的变化不纳入考虑）是一定的。实际上，我们在前面所引用的大洋永存说的所有论据，也只有这一点是无懈可击的。

到此为止，我们已完全否定了冷缩说，同时对陆桥说和大洋永存说进行了甄别，只采纳了两者中论据确凿的部分，把这两个看起来水火不容的学说用大陆漂移学说联系了起来。总而言之，大陆漂移学说的主张是：陆地间的连接曾经确实存在过，但连接它们的并非后来沉没的陆桥，而是大陆板块与大陆板块之间直接连接；大洋永存说中的"永存"是合理的，但并不是针对个别的大洋和大陆，而是针对海陆总面积。

在以后各章中，为了证明大陆漂移学说的正确性，我们将给出重要的证据，并逐一做细致说明。

---

[1] 参见威利斯所著的《古地理学原理》。该文的一些说法是武断的，论据也不充分。

专家评述与研究进展

本章介绍了大陆漂移学说的性质以及与当时地质学界流行的几种学说的关系。

自古以来，人类就在陆地上繁衍生息，尽管知道沧海桑田，但是人们一直认为，海陆变迁源于垂直升降。这种思想在地质学界被称为"固定论"。冷缩说、陆桥说及大洋永存说是其中三个重要派别。冷缩说认为地球的冷却缩小产生地壳水平挤压力，造成地层的褶皱、断裂和地壳的升降运动；陆桥说认为大陆间曾由某种形式的陆桥或现已沉没的大陆相联结，然而难以对陆桥的形成和沉没做出令人信服的解释。大洋永存说认为现存大洋是原始大洋的残余，大洋地壳可以被地槽改造为大陆，但大陆不可以转化为大洋。

魏格纳通过计算山脉褶皱的收缩量，充分地批驳了冷缩说。他认为阿尔卑斯山的收缩量需要地球降温2400℃，这是不可能的，只有大陆的水平运动才能提供这种皱缩的可能。陆桥说和大洋永存说所持的一些证据是正确的，但是其各持己见，互相反对，都只抓住对自己有利的部分事实。大陆漂移学说能够提供更好的解释。

早在1854年，人们就已经提出重力均衡理论。根据重力均衡理论，地形起伏造成的载荷差异将在地壳深部得到充分补偿。在某一补偿深度之下，地球的压力处于流体静平衡状态，因此，在补偿界面以上的单位截面柱体的重量必须相等。既然重力均衡理论成立，地壳漂浮说也就顺理成章。这样，在重力均衡下沉积盆地地表下沉，也意味着地壳底部的抬升；褶皱山脉隆起的同时，也就有地壳底部的下沉。这样与其笼统地说隆升与下沉，不如说是地壳的加厚与减薄；地球表面升降运动源于地壳的水平运动——由于地壳加厚而地表隆升，由于地壳减薄而地表沉降。这就基本上否定了固定论对垂直运动的解释。

魏格纳指出，地球冷缩说不能解释山脉分布格局，重力均衡理论又否定了大陆原地沉入海洋的可能性。重力均衡理论成了大陆漂移学说的一个重要的支撑。

大陆漂移学说为大地构造理论打开了另一扇门，让人们看到了地壳水平运动的可能性，使构造运动的动力增加了一个维度。

第二部分
证　明

The Origin of Continents and Oceans

如果我们对地表高程进行统计，可以得到一个引人注目的结果：出现频率较高的地表高程有两个，中间值却非常少见。这两个特别的地表高程中，上面的一个相当于大陆基台的高度，下面的一个相当于深海海底的深度。如果我们把整个地球表面以平方千米为单位分割成许多部分，并按照海拔高度顺次排列，就可以得到地球表面的等高曲线图（下图）。这条曲线可以让我们直观地看到这两个高程。根据H. 瓦格纳（H. Wagner）的新

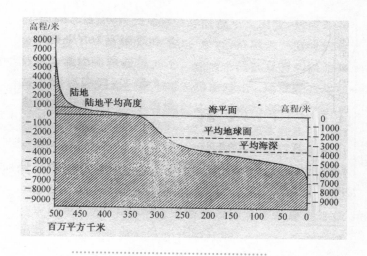

地球表面的等高曲线图（克留梅尔）

测量结果，各级高程的频率如下表所示。

距离 / 千米	海平面以下的深度							海平面以上的高度			
	6	5~6	4~5	3~4	2~3	1~2	0~1	0~1	1~2	2~3	3 以上
百分数 / %	1.0	16.5	23.3	13.9	4.7	2.9	8.5	21.3	4.7	2.0	1.2

　　如果我们用特拉贝特（Trabort）提出的另一种曲线图来表示（下图中的实线），就会看得更明白。需要指出的是，虽然这里所采用的数值有点陈旧，但出入并不大。我们可以看到在该曲线图中，以1000米为增量，也就是说，频率百分比只有上表数值的1/10，其中两个较大频率的高程分别为海面下约4700米和海面上约100米。

　　这些数值让我们不得不注意到一个问题：深海测量的新数据越多，表示从大陆架向深海海底倾斜的坡度就变得越陡。关于这一点，只要把以前的海洋深度图与格罗尔（Groll）绘制的新的海洋深度图做比较，就可以弄清楚。比如，1911年，特拉贝特通过计算得出了这样的结果：处于海深1~2千米的海底面积所占比例是4%，处于海深2~3千米的海底面积所占比例是6.5%。但是同样的海深，瓦格纳根据格罗尔所绘制的海洋深度图得到的数值分别是2.9%及4.7%。就这点来看，随着新数据不断增加，将来较大频率的地面高程所占的百分比与现在观察得到的数值相比，可能会有较大的变化。

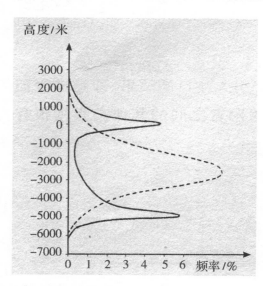

两个频率较高的高程

　　纵观整个地球物理学，我

们恐怕再也找不出这样明显而正确的规律：地球上有两个特殊的高度平面，这两个高度平面中，一个代表大陆，另一个代表深海海底，两者交互出现。这个规律至少在50年前就已经为人们所熟知了，奇怪的是从来没有人试图解释这个规律。只有索格尔在反驳大陆漂移学说

应用水下机器人探测深海。水下环境恶劣，人的潜水深度有限，所以水下机器人已成为人们开发海洋的重要工具

时，曾尝试用升降作用解释这个规律，但他的尝试明显是失败的，因为立足于错误的观点之上。我们在这里简单说明一下。索格尔认为只要有一个均衡水平面存在，背后就一定有物理原因。这个均衡水平面产生隆起或沉降时，就会产生两个不同的较大频率面。这是一个似是而非的观点，因为这种频率只能用高斯（Gauss）误差定律来解释，同时也受高斯误差定律控制，其过程大概就像上页图中的虚线显示的那样，距均衡水平面越远，其频率必然越小。因此，在平均高度（−2450米）的范围内，应该只有一个最大频率值。但事实上，我们看到有两个较大频率值，并非只有一个最大频率值。更值得注意的是，每一个较大频率值的曲线形状基本上与高斯误差定律曲线相同。由此看来，地球外壳确实从初始便存在着两个固定的平衡面。对此，除了大

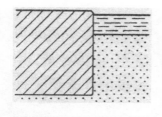

大陆边缘垂直剖面示意图

陆与深海海底本来就是两个完全不同的地层外，没有别的解释了。夸张一点说，大陆和深海海底之间的关系，就好像冰山和水的关系一样。这样的说法很容易让人想明白，也许将来后人会认为我们花费那么多时间才能理清事实是件很不可思议的事情。请看一下左图，它就是我们根据这个新理论绘制的大陆边缘垂直剖面示意图。

　　这里需要提醒一下读者，千万不要把我们这个关于深海海底性质的新理论过分夸大了。如果我们把大陆与奇特的桌状冰山做对比，一定会想到在冰山之间的海面上可能再有新的冰块漂来，冰缘上端脱落的小碎块或从水中浮升上来的冰山底部仍会漂

南极海峡处的桌状冰山。桌状冰山是一种巨型矩形冰山，冰色洁白，体积巨大，冰山长度通常在 8 千米左右，高约 30 米。特大冰山可长达 150 千米，宽约 40 千米，露出水面约 30 米

浮在海水表面。同样的情况
也会在深海海底的很多地
方发生。重力测量结果显
示，岛屿往往是一块较大的
大陆碎块，其基部可以深沉
洋底以下50~70千米。这样
的岛屿与非桌状冰山其实很
相似。

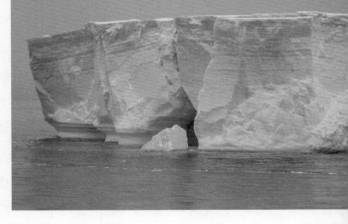

桌状冰山边缘的碎裂情况

其实，这两个较大频率
的地表高程已经足够支撑大陆边缘垂直剖面示意
图中表达的观点了，其正确性毫无疑问。虽然如
此，我们可能还是会受到一些质疑。也许有人会
问：这一学说是否能用地球物理学领域的其他研
究结果来解释呢？

答案是肯定的，海洋重力测量的结果也与
上述较大频率高程一样，与我们的学说相符。重
力测量结果显示，深海海底的外层岩石是比较薄
的，但也不是完全缺失的。这一点足以证明深海
海底下面的岩石要比陆地下面的岩石重。关于这
一点，我们已经没有详细叙述的必要了。

地磁学研究（主要是尼波尔特的研究）的结
果显示，深海海底的磁性远超大陆，这意味着深
海海底是由含铁更多的物质组成的。这样的见解
在亨利·王尔德（Henry Wilde）关于地球磁体
模型的讨论中成为重要的支撑观点。在王尔德的

实验中，为了真实地反映地磁的磁力分布，他甚至在代表海洋的地方盖上了一层铁片。鲁克尔记录下了那个实验："王尔德设计了一个非常巧妙的地球磁体模型，这个模型的功用非常强大。它既能表示出地球整体磁力的第一磁场，又能用放在模型表面海洋部分的磁化铁片表示第二磁场的作用……王尔德在模型中特意把铁片覆盖在海洋上。"

拉克罗（Raclot）也曾承认王尔德的实验确能很好地反映地磁分布的一般情形。遗憾的是，直至现在我们也无法通过对地磁的观测计算出大陆与大洋的差异。这显然是一种成因不明的更大的磁场与之发生重合的缘故。这种成因不明的巨大磁场，与大陆分布间完全没有什么关系，而且从该磁场极不稳定的周年变化来看，也不太可能与大陆的分布间有什么关

挪威罗弗敦群岛上空的冬夜极光。极光是一种绚丽多彩的等离子体现象，其发生原因是太阳带电粒子流（太阳风）进入地球磁场。在地球南北两极附近地区的高空，夜间会出现绚烂、美丽的极光

系。但无论如何，按照A. 斯密特（A. Schmidt）等人的看法，地磁研究成果与大洋底是由富含铁的岩石组成的这个假定并不矛盾。下述情形已经是人们公认的了：在覆盖地球的硅铝层中，铁的含量是随着深度的增加而增加的，岩层最深处的主要成分就是铁。因此，我们在这里所提到的含铁量较多的岩层，当然是指地壳深处的岩层。通常来说，高温会使物质的磁性消失，如果按照一般的地温增加率来计算，地下15~20千米的深度处就能够达到这样的温度。①这样一来，深海海底的强磁性必然在其最上层，这一点恰好符合我们所做的深海海底完全没有弱磁性物质的假定。

从地震学研究的角度看，我们的学说也是没有问题的。E. 塔姆斯（E. Tams）曾经做过一项研究，将地震表面波在大陆上部的传播速度与在深海海底的传播速度做了对比，得到了下列数值。

地 震	时 间	速度 /（千米·秒$^{-1}$）	次 数
深海海底			
加利福尼亚地震	1906 年 4 月 18 日	3.847 ± 0.045	9
哥伦比亚地震	1906 年 1 月 31 日	3.806 ± 0.046	18
洪都拉斯地震	1907 年 7 月 1 日	3.941 ± 0.022	20
尼加拉瓜地震	1907 年 12 月 30 日	3.961 ± 0.029	22
大陆			
加利福尼亚地震	1906 年 4 月 18 日	3.770 ± 0.104	5
菲律宾地震 I	1907 年 4 月 18 日	3.765 ± 0.045	30
菲律宾地震 II	1907 年 4 月 18 日	3.768 ± 0.054	27
布哈拉地震 I	1907 年 10 月 21 日	3.837 ± 0.065	19
布哈拉地震 II	1907 年 10 月 27 日	3.760 ± 0.069	11

---

① 按照J. 弗里德兰德（J. Friedlander）在《地球物理学文集》中的说法，地壳深处火成岩的导热率是比较小的，按熔岩的地温梯度为17米计算，则地磁层的厚度也就有8~9千米。

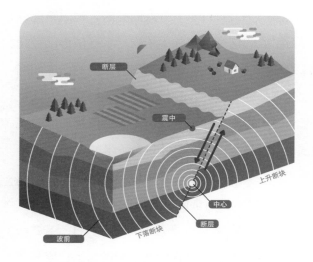

地震活动示意图。人类对地震活动的研究主要包括地震频度、地震强度、地震活动图像、地震活动周期性、地震围空、地震条带、波速比、b 值、前震活动、余震活动等

（图中标注：断层、震中、上升断块、中心、断层、波前、下落断块）

我们无论是单独看上表中的数值，还是把深海海底与大陆的各数值平均一下进行比较，都可以看出二者间的明显差异：深海海底的传播速度约比大陆的传播速度快0.1千米/秒。更重要的是，这样的数值和我们依据火成岩的物理性质推算出来的理论数值是相符的。

此外，塔姆斯还搜集了很多地震观测资料，求得平均值。他从38次太平洋地震中得到的速度平均值$v=3.897\pm0.028$千米/秒，从45次欧亚大陆及美洲大陆地震中得到速度平均值$v=3.801\pm0.029$千米/秒，这与上表中的数值几乎是一样的。

近年来，G. 昂根海斯特（G. Angenheister）[1]也试着依据发生在太平洋中的一些地震资料，来考察深海海底与大陆在地震传播速度方面的差异，同时他做了另一项工作，那就是将表面波分为两类进行考察（塔姆斯没有进行区分）。他的工作虽然引用的资料不多，但得出了差异较大的数值："在太平

[1]　参见昂根海斯特所著的《太平洋地震的观测》，书中提到根据奥莫里（Omori）的研究，地球曾经产生过更大的地震差，但是奥莫里的研究基于的是对地震波的错误理解，所以此处不引用该研究。

洋底，主波的传播速度要比在亚洲大陆下面大21%~26%……当焦距为6°时，前波（P波）与后波（S波）[1]在太平洋底的传播时间比在欧洲大陆底的传播时间分别小13秒和25秒。也就是说，后波（S波）在大洋底的传播速度要比在陆地上大18%……前波的衰减率在太平洋底要比在亚洲大陆底大……其后尾波的周期，在大洋底也比在亚洲大陆底大。"总之，这些差异证明了我们学说的正确性，即深海海底是由一种密度更大、质量更大的物质构成的。在这里需要特别指出的是，我们上面的论述仅针对表面波，因此，这些资料有力地证实了深海海底完全缺失了较轻的最外层岩层。

现在人们的问题是：我们能否从深海海底的地壳中取出若干标本呢？不得不说，这是个大胆的想法，用拖网或其他器具把深海海底的岩石取上来，目前来看还不太现实。但即便如此，我们还是能对深海海底地壳的构成有一点点了解。根据克留梅尔的研究，从海底捞上来的各种碎片

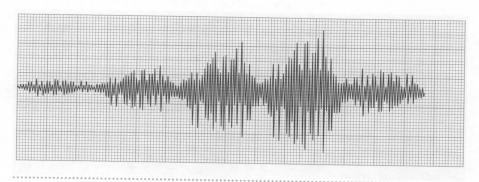

纸带上的地震记录。偏移的幅度代表震动的强度，但以纸带的边界为限。传统地震仪通常包含一个重物摆锤，通过一根弹簧悬垂下来。重物摆锤上有一根针，在发生震动时，可以在一卷连续的纸带上绘制出曲线

---

① 两者是指地震图上的第一期和第二初期的震动，分别由地球内部所传播的纵向弹性与横向弹性震动所致。

玄武岩岩石样本

标本大部分是火成岩："我们看到的大多数碎片都是浮石……此外，还有透长石、斜长石、角闪石、磁石、火山玻璃及由火山玻璃分解而成的橙玄玻璃（Palagonite）[1]等，也发现了一些玄武岩、辉石岩、安山岩等碎片。"这份研究报告中颇有值得注意的地方。火山岩的主要特征是比重较大且含铁量较多，并且根据我们的推测，其应当来自地壳较深处。休斯曾将这种基性岩石群（其中大多数是玄武岩）命名为"硅镁层（Sima）"，因其主要成分是硅（Silicon）和镁（Magnesium），他又把那些富硅岩石群命名为"硅铝层（Sal）"。硅铝层主要是由片麻岩、花岗岩构成的，这些都是组成大陆基础的岩石[2]。我听从了普费弗尔（Pfeffer）的建议，因"Sal"与"盐"的拉丁语单词相同，为避免雷同，准备将其改写为"Sial"。读者阅读了上面的文字后，应该不难推想出，那些在硅铝性大陆块上以火山喷出岩形式出现的，与硅铝层岩石截然不同的硅镁层岩石，原本就位于大陆下方，正是它构成了深海海底。玄武岩具备一切深海海底构成物质所应当具有的特质，尤其是它的比重，是与按其他方法计算出来的大陆块的厚度相协调的。

① 玄武玻璃的一种，因含大量水，被称为橙玄玻璃。——译者注

② 这个分类，如果追溯起来，当归功于博贝特·本生（Bobert Bunsen）。本生曾将非沉积岩区分为"盐基性"及"酸类过多"两类。休斯移用于此。

关于这一点，我们再来详细地叙述一下，以便读者更好理解。关于大陆块的厚度，海福特和赫尔默特曾经用各自不同的方法计算过。海福特是通过美国约100处垂直线的偏差值来计算的，得出的结论是"均衡面的深度"（同均压面的深度）是114千米，它等同于大陆块底面的深度。赫尔默特则是通过51处海岸观测站的摆的重力测量来计算的，得到的数值是120千米，与海福特的计算结果大致相同。用两种不同的方法得出的厚度值竟然如此一致，这从侧面证明了数值的正确性，但我们不能据此错误地认为大陆块具有同样的厚度[①]。

如果大陆块的厚度是一致的，那么地壳均衡说就不能成立。按照地壳均衡说，大陆架处非常薄，世界上海拔最高的青藏高原处陆块会非常厚。陆块厚度的变动范围应为50~300千米[②]。

硅铝层大陆块的厚度约为100千米，但是露出深海海底的仅为4.8千米。这样计算的话，沉于

冰岛斯图拉吉尔玄武岩峡谷，地球上最令人惊叹的隐秘地方和自然景观之一

[①] 上述计算方法都以普拉特（Pratt）的假说为依据。据舒韦达尔在早期的一个报告中所述，如果按照艾利的假定计算，那么大陆块的厚度为200千米。按照这个说法，那么硅铝质与硅镁质的比重差仅为0.034。

[②] 根据海登（Hayden）的研究，喜马拉雅山脉处是330千米，山脉前面的低地处是114千米。这两个数字没有太大问题，但是他的计算方法有很大问题。

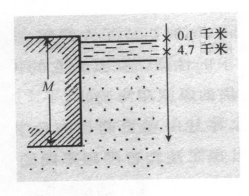

计算硅铝质与硅镁质
的比重

硅镁层中的厚度就达到了95.2千米，那么硅铝质与硅镁质的比重就很容易计算出来（左图）。在大陆块的底面上存在着均衡的压力。也就是说，我们假想有一个截面面积相等的柱体，无论其位于陆块处还是海洋处，重量都应是相等的。

我们设硅铝质的比重为x，硅镁质的比重为y，同时把海水的比重（1.03）考虑在内，就可得到下面的方程式：

$$100x=95.2y+4.7\times1.03$$

即

$$x=0.952y+0.048$$

玄武岩、辉绿岩、暗玢岩、辉长岩、橄榄岩、安山岩、玢岩、闪长岩等硅镁质岩石，一般比重为3.0（很少有达到3.3的）。若上式中$y=3.0$，则$x=2.9$。实际上，怀特曼（Whitmann）、克罗斯（Cross）、吉尔伯特（Gilbert）计算了12种标本比重的平均值，得到片麻岩的比重为2.615。其他标本比重的平均值在2.5~2.7之间。两者的差异如此小，如果再结合以下两点，就很容易得出结论：第一，在硅铝层和硅镁层中，岩石比重的增加情况一样，都是随着深度的增加而增加；第二，玄武岩一般处于地壳深处，而片麻岩处于地表附近。因为我们还没有确切地弄清楚深度增加与岩石比重增加到底有何关系，所以无法进行计算。目前，我们只知道：根据地震学的研究，覆盖地球的厚约1500千米的硅铝层外壳，其整体的平均比重是3.4。无论如何，这个数值是与我们的学说相符的。

下表更能让我们明白硅铝层的沉降与比重的关系。表中列举的是比重为3.0的硅镁层中的硅铝块的厚度。如果把硅镁质与硅铝质的比重同时减少0.1，那么表中的数值就会减少5%。

硅铝质的比重		2.6	2.7	2.8	2.9	2.95
在比重为3.0的硅镁层中的硅铝块厚度	硅铝块表面的海拔高度（100米）	24 千米	32 千米	48 千米	96 千米	192 千米
	硅铝块表面的海拔高度（4000米）	53 千米	71 千米	106 千米	213 千米	430 千米

最后，我们还必须谈一下深海海底的平坦情况，因为这个事实足以证明我们学说的正确性。我们很早就知道，深海海底在极大范围内相对平坦，很少有令人惊讶的高低起伏。这个事实是很重要的，对于我们铺设海底电缆颇有助益。为了铺设中途岛与关岛之间的海底电缆，人们在1540千米的线路长度中做了差不多100处深度测量，结果发现最浅处的深度是5510米，最深处的深度是6277米，两者之差不过767米。在长10海里（1

地形平坦的深海海底

海底的斜坡与崎岖地形

海里=1.852千米）的某一段上所做的14次深度测量，所得的平均值为5938米，最深与最浅处的偏差不过36米与-38米而已。

不过，对深海海底是平坦的这个结论，近年来人们越来越谨慎对待了。随着对海底了解的不断加深，我们已经认识到：现在实施深度测量的地点，往往是随机选择的，而且样本不够多，通过小样本得出结论明显是不严谨的、不够科学的，这样就会导致我们做出错误的推导。如果跟海底一样，我们在陆地上一个非常大的区域内仅仅测量少数地点的高度，那么我们也可以说陆地是非常平坦的。以克留梅尔为代表的一些学者，通过努力已经消除了一些对深海海底平坦性的过分怀疑。现在人们认为，除了深海海沟以外，大陆与深海海底之间是有根本性差异存在的。我们知道物质在水中会受到浮力作用，这种作用使得海底的斜坡比陆地上的斜坡要陡峭得多。我们说深海海底比较平坦，其实意味着其具有很强的可塑性和流动性。

深海海底的平坦性帮助我们推导出了另外一个结论——海底缺乏褶皱山脉。在大陆上，我们能看

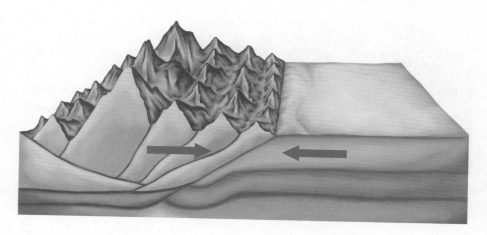

到纵横的、或新或旧的褶皱山脉，但尽管人们在广大的深海海底做过多次深度测量，却还是没有找到任何可以称之为山脉的东西。虽然有些人认为大西洋中部的海底隆起及在爪哇岛前方两个海沟之间的脊梁，是海底运动所形成的褶皱山脉，但认可这个观点的人非常少，在这里我们就不细述了，只要知道安德雷已经对此做出了令人满意的批评即可①。但是，硅镁层不是也会受到横向的压缩力吗？为什么大西洋底没有褶皱山脉呢？对于这个问题，联想一下造山运动，答案就很清楚了。山脉是大陆块为了保持地壳均衡说中的均衡作用而发生的褶皱。由于厚约100千米的大陆块的大部分是沉于硅镁层中的，大陆块发生褶皱时所受到的压缩力使得其大部分向下发展，因此我们所看到的隆起的山脉不过是上面的一小部分。关

造山运动示意图。造山运动是地壳局部受力、岩石急剧变形而大规模隆起形成山脉的运动，仅影响地壳局部的狭长地带。目前观测到的最后一次造山运动是燕山运动，其结束时间是白垩纪末期，距今已有1亿年

---

① 安德雷所著《造山运动的条件》，1914年于柏林出版。

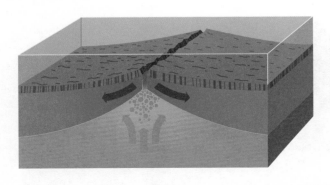

大洋中脊示意图。有时其也称"海底山脉"，是狭长延绵的大洋底部高地，一般在海面以下，高出两侧海底可达3~4千米

于这一点，在第十一章中有较详细的论述。大陆块受压缩时大部分是向下发展的，这样一来硅镁层受到压缩后当然就不能产生隆起了。这种情况就像两个冰山互相靠拢时中间的水的情况一样，硅镁层被挤到下面或者旁边去了。彭克认为"在漂移着的大陆前方，硅镁层没有发生褶皱，这一事实恰恰是魏格纳提出的大陆漂移学说的决定性反证"，我在这里要指出，彭克的这种说法是不成立的。恰恰相反，深海海底看不到明显的褶皱山脉，其实证明了我们对于硅镁层性质的推想是正确的。在我们的理论中，硅镁层当然是发生过褶皱的，但是如果发生褶皱的不是硅镁层，而是硅铝层，那么褶皱的一部分就会明显地向上隆起——这种情况，我们会在本书的第九章中详细论述。

本章列举的关于深海海底性质的证据，是清楚且有力的。因此，直到现在，我们的这部分理论也没有受到任何攻击和质疑，一般的地球物理学者对于上述理论都持肯定态度。

专家评述与研究进展

魏格纳的大陆漂移学说有两个核心，一个是大陆的水平运动，也就是大陆漂移；另一个是把地表分成陆地和海底，把地壳分成硅铝层和硅镁层。

统计表明地球上有两个面积最大的高程，一个是海平面以下1000~2000米，相当于海底；另一个是海拔2000~3000米，相当于陆地。两个高程分布的事实在多年前就世人皆知了，然而人们只知道这两个高程对应着海底和大陆，并没有进一步研究为什么会有这样的差异，为什么海底和大陆分别有着自己的特征。而魏格纳敏锐地将两个海拔高度与两种地壳联系起来，这就是洋壳和陆壳。

大陆地壳主要为片麻岩和花岗岩，比较轻，褶皱变形强烈；大洋地壳主要为玄武岩，比较重，相对比较平坦。魏格纳把它们和重力均衡模型以及地磁观测等资料联系起来，抽象出大陆和大洋两种不同的地壳。

魏格纳进一步表述支持两种地壳观点的证据。通过大洋底的地震波速度比通过大陆的要大0.1千米/秒。地磁学的研究也表明海底最上层的磁性远超大陆。大陆上有许多褶皱，而海底相对平坦。由于熔融的硅铝质的黏性比熔融的硅镁质的强，故魏格纳推论大洋硅镁层具有较强的可塑性，并将此作为对大陆漂移学说的支持。

地质学家休斯早就称大洋中以玄武岩为代表的基性岩群为硅镁层，有别于大陆以片麻岩和花岗岩为代表的酸性岩群。魏格纳进而将大陆花岗岩层单独称为"硅铝层（Sial）"，而将大洋玄武岩层称为"硅镁层（Sima）"。

通过水成论与火成论的争论，我们把岩石区分为沉积岩、火成岩与变质岩。通过槽台说，我们知道地壳有活动区与稳定区，这是一种范式的转变；而把地壳分为硅铝层和硅镁层，把大陆构造与大洋构造区分开，又是一种范式的转变。

虽然我们早就知道大陆与大洋，但是只有魏格纳把它们从地理学的概念转换为地质学和地球物理的概念。虽然魏格纳所列举的有些事实后来证明不够准确，比如认为大陆地壳厚度为100千米，甚至严格地讲，他对硅镁层和硅铝层的定义都是错的，但魏格纳的这种区分仍然具有重大意义。赋予大陆与大洋地球动力学意义，不仅仅有成分、密度方面的含义，还有地质、地球物理方面的含义，比如波速（力学性质）、电导率、地磁等。

现在我们知道大陆花岗岩和大洋玄武岩的化学成分都以硅和铝为主，因此整个大陆地壳，包括上中地壳的花岗岩、片麻岩等中酸性岩和下地壳的基性岩，以及大洋地壳的玄武岩等基性岩都属于"硅铝层"；而真正的硅镁层是指上地幔橄榄岩层，其由镁、铁组成的硅酸盐类所构成。然而至今仍有不少文献仍沿用魏格纳的叫法。

区别大陆与大洋地壳，极大地促进了海洋地质勘探，促进了海底扩张说的产生，为板块学说的形成奠定了基础。大洋地壳主要由上地幔物质部分熔融分异出的玄武质岩浆组成。而大陆地壳大部分是沿着板块边缘的岛弧由岩浆岩形成的，其他是底部增生形成的。

第四章
地质学的论证

关于大西洋，我们有一个猜想：大西洋是一个非常广阔的裂谷，其两侧边缘过去直接相连。这个猜想因其两侧地质构造的比较而有了明确的参考验证。在分裂以前，大陆上的褶皱山脉与其他构造应是相互连接的，因此，大西洋两岸各个构造的末端之前必然处在同一位置，拼合时恰好可以直接相连。由于大陆边缘的轮廓非常鲜明，把两者拼合起来的时候，没有产生任何偏差的余地，因此，在判断大陆漂移学说是否正确时，这种完全独立的研究方法具有重要的意义。

大西洋裂谷最宽的地方是起初开裂的南部，宽达6220千米。圣罗克角与喀麦隆之间的裂谷宽度为4880千米；纽芬兰大浅滩与英国大陆架之间的裂谷宽度为2410千米；斯科斯比湾（Scoresby Sund）[①]与哈默菲斯特（Hammerfest）[②]之间的裂谷宽度为1300千米；而格陵兰岛（Greenland）东北大陆架边缘与斯匹次卑尔根岛（Spitsbergen）之间的裂谷宽度仅为200~300千米，并且这个裂谷是最近才产生的。

现在先从南部边缘开始比较。在非洲南端，有一条东西走向的二叠

---

① 斯科斯比湾是位于格陵兰岛东部的深海湾，湾内岛屿星罗棋布。——译者注

② 哈默菲斯特位于挪威北部的芬马克岛西岸，是欧洲最北部的城市。——译者注

纽芬兰岛特威林盖特小镇
历史悠久的长角灯塔

纪褶皱山脉——斯瓦特山脉。如果把大西洋两侧大陆拼合，则这条山脉会向西延伸到布宜诺斯艾利斯（Buenos Aires）以南的地区。虽然在地图上找不到任何延伸的痕迹，但凯德尔（Keidel）发现，在当地的不规则山脉中，特别是南部褶皱强烈的山脉，古老的褶皱在构造、岩石的层次以及含有的化石等方面都极为相似，它不仅与圣胡安（San Juan）和门多萨（Mendoza）省西北部靠近安第斯山脉的前科迪勒拉山系相同，而且与南非的开普山脉（Cape Mountains）几乎一模一样。凯德尔说："在布宜诺斯艾利斯的山地中，特别是在其南部，我们发现了与南非开普山脉极为相似的岩层。其中，至少三层出现了强烈的一致性，即晚泥盆世海相沉积造成的下砂岩层、分布最广的含有化石的页岩层以及形成时间最短且具有显著特征的晚古生代的冰川砾岩层。晚泥盆世的海相沉积和冰川砾岩层与开普山脉一样强烈地褶皱着，连褶皱方向都是相同的。"

由此看来，这里确实存在着一条延长的古老褶皱。这条褶皱横贯非洲南部，经过南美洲布宜诺斯艾利斯省南部，最后北折到达安第斯山脉。然而现在，这一褶皱却被大约6000千米宽的大西洋分成了两部分。如果把两

纽芬兰北部的大西洋和陡
峭的悬崖

部分重新拼合，它们恰好吻合，而且从圣罗克角到布宜诺斯艾利斯山地的
距离和从喀麦隆到开普山脉的距离恰好相等[1]。确切的证据显示两大陆曾
有过连接，就像是把已经撕裂的两块名片重新拼合在一起，只是在重新拼
合的过程中可能会有一些细微的偏差。比如，锡德山脉（Cedar Berge）延
伸至海岸时又稍稍折向北方，但这一点并不足以改变之前论述的一致性，
因为这个分支延伸不远便消失了，这种局部的偏折可能是由分裂处发生的
间断产生的。实际上，在欧洲褶皱山脉的石炭纪层或第三纪层中，可以看
到众多分支，但我们仍然可以将这些褶皱全部连成一个体系，并归于同一
成因，这并没有什么不妥之处。最近的调查研究显示，非洲的褶皱似乎一
直持续到了最近，即便如此，我们也不会认为非洲与南美洲的山脉有地质

---

① 若按照反对者的说法，分别从圣罗克角和喀麦隆的1000米等深线处开始测量，那距离当然不
相等了。两大陆在这些等深线上，并不完全吻合。但在下文中我们会指出：两大陆的原始轮廓在
大陆边缘的上部保存较好，在大陆边缘的下部却向横侧流塌。因此，接合处应该放在向深海倾斜
的陡坡上缘才对。

秘鲁彩虹山，位于安第斯山脉。彩虹山，毛利人称之为"芒加卡卡拉米亚"，意思是"彩色泥土的山"。其有一个不寻常的圆形山顶，称为"蒂希奥鲁阿"，意思是"猫头鹰的栖息地"

年龄差异。关于这一点，凯德尔指出："在布宜诺斯艾利斯省南部的山地中，冰川砾岩是目前最新的构造，大多是褶皱了的，而在开普山脉中，位于贡瓦纳系（卡鲁层）底部的埃加（Ecca）层也有活动过的痕迹……因此，这两个地区主要的褶皱运动可能发生在二叠纪和石炭纪早期。"

除了布宜诺斯艾利斯处的低山是开普山脉的延续之外，我们还可以在大西洋两岸找到其他证据。总体来看，未经褶皱的广阔的非洲片麻岩高原与巴西的片麻岩高原十分相似——不仅体现在一般特征上，两岸的火成岩、沉积岩及褶皱方向也完全相同。

H. A. 布劳沃（H. A. Brouwer）[1]最先对大西洋两岸的火成岩做了对比，他发现至少有五种岩石是相同的：①老花岗岩；②新花岗岩；③基性岩；④侏罗纪火山岩和贯入粗粒的玄武岩；⑤金伯利岩、黄长煌斑岩等。

在巴西，老花岗岩是所谓"巴西杂岩"的组成部分；在非洲，其则隐含在西南部的"基础杂岩"，南部好望角海峡处的马尔梅斯布利系（Malmesbury System）、德兰士瓦（Transvaal）以及罗得西亚（Rhodesia）的斯威士兰系（Swaziland System）之中。布劳沃说："巴西东海岸处的马尔山脉以及南非和中非的西海岸地区，大部分是由这些岩石组成的。这使得两大陆具有相似的地形特征。"

新花岗岩侵入巴西米纳斯吉拉斯州（Minas Geras）和戈亚兹州（Goyaz）的米纳斯系（Minas Series）中，形成了含金矿脉，也侵入圣保罗州的米纳斯系中。在非洲，赫雷罗兰（Hereroland）地区的伊隆哥花岗岩（Erongo Granite）和达马拉兰（Damaraland）西北部的布兰特堡（Brandberg）花岗岩中也含有此种岩石。德兰士瓦的布希佛尔特火成杂岩

---

[1]　H. A. 布劳沃所著《里约热内卢西北格里希诺山地的基性岩以及巴西与南非喷出岩的一致》，载于1921年第29期《阿姆斯特丹科学院学报》，第1005~1020页。

冰岛南海岸黑沙滩
处的玄武岩柱构造

中同样含有此类花岗岩。

在大西洋对应的两岸也发现了基性岩。比如，在巴西的马尔山各地（伊塔蒂亚亚、里约热内卢河流附近的格里希诺山地、塞拉-丹吉尔山地和弗里乌角），以及非洲的卢得立次兰海岸和安哥拉（Angola）境内都有发现。虽然在远离海岸的地方有两个直径约30千米的火成岩地区：一个是位于米纳斯吉拉斯州南部的波苏斯-迪卡尔达斯，另一个是位于德兰士瓦勒斯顿伯格（Rusten Burg）的匹兰斯堡（Pilandsberg）。这些富含碱性物质的岩石与深成岩、煤矸石及喷出岩的形成过程极为相似。

关于第四种岩石（侏罗纪火山岩和贯入粗粒的玄武岩），布劳沃说道："和南非洲一样，巴西的底部也有一层相当厚的火山岩发育于圣卡塔里纳（Santa Catharina）系的下部，大致相当于南非的卡鲁系。这些岩石是侏罗纪的产物，覆盖了南里约格朗德、圣卡塔里纳、巴拉那（Parana）、圣保罗和马托格罗索等地方，甚至包含了阿根廷、乌拉圭和巴拉圭。"在非洲，这类岩石存在于南纬18°~20°的高科层构造（Kaoko Formation），与巴西南部的圣卡塔里纳和南里约格朗德的岩石属于同一岩系。

多种颜色的火山岩石

最后一组岩石（金伯利岩、黄长煌斑岩等）是人们熟悉的，因为在南非和巴西都发现了由它们形成的金刚石岩脉。在这两个地方都发现了一种"管状"的特殊矿床形式。巴西的米纳斯吉拉斯盛产白色金刚石，其在南非的桔河（Orange River）以北地区也可以找到。金刚石岩脉很少见，但在里约热内卢的岩脉中被找到了。布劳沃说："著名的巴西金刚石与南非西海岸附近的金伯利岩一样，实际上都属于低云母玄武岩的变种。"

此外，布劳沃也强调指出了两岸沉积岩的相似情况。他说："大西洋两岸的沉积岩也有明显的相似性，比如南非的卡鲁系与巴西的圣卡塔里纳系。圣卡塔里纳州和南里约格朗德省的沃尔里昂砾岩相当于南非的德韦卡砾岩。这两个大陆

经过精细切割后的白色金刚石，折射出瑰丽的色彩

的最上层都是由厚厚的火山岩孕育而成的，与好望角处的德拉肯斯堡山（Drakensberg）和南里约格朗德省的日伊腊尔山（Serra Geral）的最上层一样。"

根据杜·托伊特的研究，南美洲的一部分二叠纪-石炭纪漂石是从非洲来的。他认为："按照A. C. 科尔曼（A. C. Coleman）的说法，巴西南部的冰碛可能是东南面（原文为西南，为笔误）海岸线外侧的一个冰川中心带来的。科尔曼和J. B. 伍德沃斯（J. B. Woodworth）都记载了一种特殊的石英岩漂石或带有斑纹的碧玉卵石，而且这些漂石和德兰士瓦冰川内的漂石［从格里圭兰威斯特的马策帕（Matsap）层山脉收集到的］一样，至少向西搬运了18°（经度）。如果依据大陆漂移学说，那这些漂石甚至可能会被搬运到更远的西方。"

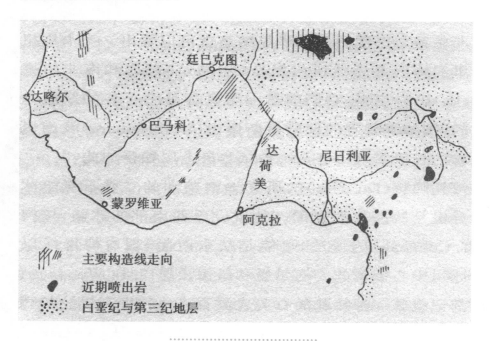

非洲构造线走向（勒摩恩）

如上所述，横贯两大洲巨大片麻岩高原的古老褶皱，其方向是一致的。以非洲为例，我们可以参照勒摩恩绘制的地图。此图虽为其他目的而绘，也不是十分具体，但我们还是可以从中看出这个事实。我们可以在图上看到，在非洲大陆的片麻岩高原上，有两个比较突出的构造走向。一个是较老的东北走向，主要是在苏丹（Sudan），从向东北直流的尼日尔河上游到喀麦隆都可以看到，它和海岸线以大约45°的角度相交；另一个较新的构造走向在喀麦隆南部，大致呈南北走向，与弯曲的海岸线平行。

在巴西，我们也可以看到同样的现象。休斯有相关记载："在东圭亚那的地图上，我们能发现形成该地域古老岩层的走向大致为自东向西，包括形成巴西北部的古生代堆积层也是东西走向。卡宴（Cayenne）到亚马孙河口的海岸方向与这个构造的走向是交叉的。目前根据巴西的地质构造，人们认为从巴西到圣罗克角的大陆轮廓也与山脉走向交叉，但从山麓的丘陵一直到乌拉圭一带，海岸线的位置又和山脉一致了。"河道（亚马孙河和圣弗朗西斯科河、巴拉那河）大致上也是沿着这个走向的。根据最近的研究，由凯德尔绘制的南美洲构造图（如下页图所示），我们可以看到平行于东北海岸的第三走向，使其关系变得更为复杂。上述其他两种走向在地图上显示得很清楚，只是有点偏离海岸线。当把南美洲与非洲拼合起来的时候，南美洲需要稍微旋转一下，这样，亚马孙河的流向将和尼日尔河上游的流向完全平行，这两个构造的走向就与非洲相一致了。因此，两大洲之间曾经有过连接就可以得到进一步确认。

依据下一章（古生物学及生物学的论证）的内容推断，南美洲和非洲两大陆间的物种交换结束于白垩纪时期。帕萨尔格（Passarge）认为南非洲边缘的裂痕在侏罗纪就已经存在了，是从南向北逐渐开裂的，这并不与上述古生物学的观点相矛盾。在巴塔哥尼亚，因分裂而发生了一种特殊的板块运动。对此，A. 温德豪森（A. Windhausen）指出："这个新的断裂开

南美洲构造图

	图例
	构造线
	前寒武纪运动
	下古生代运动
	上古生代运动
	安第斯运动
	局部第三纪运动

始于白垩纪中期的大规模区域运动[1]。"当时，巴塔哥尼亚的陆地表面已经发生了改变，它是从一个极斜倾陷的洼地、受到干旱或半干旱气候的影响，遍布砾质荒漠和沙质平原的地区转变过来的。

　　非洲北部阿特拉斯山脉的主要褶皱形成于渐新世，开始于白垩纪，

---

[1]　温德豪森所著《巴塔哥尼亚南部的地层与造山运动》，1921年发表于德国《地质杂志》第12卷。

河口。河口是河流终点，是河流注入海洋、湖泊或其他河流的地方。河口处断面扩大，水流速度骤减，常有大量泥沙沉积成三角洲

但在美洲找不到这条山脉的延续[①]。事实上，这和我们认为大西洋两岸早已开裂的观点是一致的，可能这里曾经一度完全闭合，在石炭纪以前开裂。北大西洋西部的海洋非常深，间接说明了此处的海底是较古老的。西班牙半岛与其美洲对岸的差异，也是基于相同的原因[②]。亚速尔群岛（Azores）、加那利群岛（Canary Islands）及佛得角群岛被认为是大陆边缘的一部分，就像浮动的冰山前方漂浮着的小冰块一样。对于加那利群岛和

[①]　金提利曾认为同时代的中美山脉（尤其是安第列斯群岛）中有阿特拉斯山脉的延续，但雅伏尔斯基（Jaworski）持反对意见，认为和一般公认的休斯的见解相矛盾。若按休斯的观点，南美洲的东部山系弯曲穿越海面到达安第列斯群岛，又从该群岛反曲向西，向东并没有分出任何支脉。

[②]　很多人认为这种情形是大陆漂移学说的反证。以北美洲海岸的泥盆纪地层为例，在欧洲就找不出同样大小的具有相同构造的板块（东部的西班牙除外，而且构造不同）。不过我希望他们对北美洲海岸前方的大陆架予以关注，但在没有弄清楚西班牙在泥盆纪时的大小和轮廓以前，我不能就这个问题发表任何有力的见解。这在目前来说是不可能的，如果真的这样做的话，石炭纪与第三纪的褶皱横穿伊比利亚半岛的可能性就被抹杀了。但是当大陆漂移学说宣布这一带的泥盆纪构造不确定时，谁也不能断言美洲的泥盆纪层为大陆漂移学说提供的到底是支持还是反对的意见。

白垩纪时期的菊石化石。
菊石与鹦鹉螺是近亲

马德拉群岛（Madeira）的情况，C. 加盖尔（C. Gagel）说道："这些岛屿是因欧洲和非洲大陆分裂形成的，并且分离时间距今相对较近。"①

再往北，我们还可以发现三条并列的古老褶皱带。它们从大西洋的一岸延伸到另一岸，证实了以前两大陆的确是连在一起的。其中，石炭纪形成的褶皱带尤为显著（休斯称之为阿摩力克山系），这些山脉经过欧洲大陆内部，曲向西北偏西方向，再向西延伸，在爱尔兰西西南部和布列塔尼（Brittany）一带形成了锯齿状海岸——里亚斯型海岸。石炭纪褶皱带的最南支横穿整个法国，在大陆架处弯曲转向正南方，延续到对岸的西班牙半岛，形状就好像是展开的书本一样，这就是比斯开湾（Bay of Biscay）形成的原因。休斯将这一分支称作"阿斯图里亚旋涡"。然而，这条山脉的主脉显然是在从大陆架北部向西延伸的过程中，因不断地受到海浪的冲刷而逐渐变得平

① 加盖尔所著《大西洋中部的火山岛》，载于《区域地质手册》第7卷第4篇，于1910年出版于海德堡。

西班牙大西洋
海岸独特的白
垩纪中期岩层

坦，但向大西洋盆地延伸[1]。

正如贝尔特朗德在1887年所发现的一样，在美洲地区，这条山脉延伸到了新斯科舍和纽芬兰东南部的阿巴拉契亚山。这是石炭纪北方褶皱山脉的终端，与欧洲一样形成了里亚斯型海岸。山脉大致呈东北走向，只不过在靠近裂隙的位置转为正东方向而已。按照过去的说法，这些欧美系列山脉被归为同一个褶皱山系，也就是休斯所说的"跨大西洋的阿尔泰特"。如果用大陆漂移学说把大西洋两岸的褶皱山脉拼合起来，我们就很容易理解了。过去，人们假设沉没在大西洋中的褶皱部分比现存的两端大陆上的部分还要长。彭克认为这是不可能的。过去，人们把两岸大陆山脉断裂点沿线上的几个孤立的海底隆起，看作沉没山脉的顶部。用大陆漂移学说的

[1]　科斯马特的见解（《地中海山脉与地壳均衡说的关系》一文，载于《萨克森省科学院学报·数学与物理专号》第38卷第2期，于1921年出版于莱比锡）与休斯的见解不同，他认为欧洲的全部褶皱在大洋地区中转，最后到达西班牙半岛。这个观点很难让人认可，因为大陆架中不可能容纳如此大规模的褶皱。

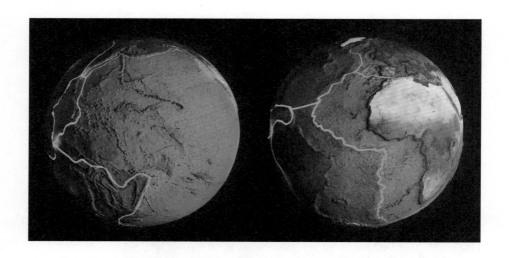

构造板块之间的地球断层线。断层面与地面的交线称为断层线，可反映断层的延伸方向和延伸规模。由于断层面形状及产状的变化受地形的影响，断层线可以是直线，也可以是曲线。地震的决定性因素是地壳中的断层线，地震会沿着断层线发生

观点来解释，这一部分是在大陆分离过程中遗留下来的碎片——在构造不稳定地带，碎片残留是极容易发生的。

在欧洲偏北部有一条更古老的褶皱山系，形成于志留纪与泥盆纪，横贯挪威和苏格兰，休斯称之为加里东褶皱（即古苏格兰系）。K. 安德雷和迪尔曼（Tilmann）曾经提及这个褶皱山系延伸为"加拿大加里东"的问题，即延伸到早在加里东运动时已褶皱的加拿大阿巴拉契亚山脉的问题。而美洲的加里东褶皱受到了上文所说的阿摩力克山系的影响，但不妨碍欧、美加里东褶皱间的一致性。阿摩力克山脉在欧洲只影响中欧地区（霍文和阿丁地区），对北欧地区毫无影响。加里东褶皱的相互连接部分，在欧洲方面是苏格兰和爱尔兰北部，在美洲方面则是纽芬兰岛。

在欧洲的加里东褶皱山系以北，还有更古老的（元古代）赫布里

底群岛（Hebrides）①和西北苏格兰片麻岩山系。同时期的拉布拉多半岛（Labrador）②的片麻岩山脉在美洲与此相对应，南至贝尔岛海峡（Belle Isle），北至遥远的加拿大。其在欧洲的走向是东北-西南，在美洲的走向则是东北-西南以至东西向。达克斯认为："依据山脉的走向我们可以推断出，山脉是穿过北大西洋而延伸的。"按照以前的说法，已经沉没的陆桥长达3000千米左右。如果按大陆现在的位置，直线延长的欧洲山脉应当向南美洲方向延伸，故它与美洲部分将相差数千千米之遥。但根据大陆漂移学说，美洲部分曾在做横向移动的同时做旋转运动，因此在大陆恢复原貌以后，美洲山脉能直接连接欧洲山脉，成为其延续。

此外，在北美洲和欧洲发现了更新世冰川的终碛。如果把两大陆组合起来，则两岸的冰碛也合为一体，既无裂痕，又无缺口。假如其时两海岸之间还是和现在一样相距2500千米，这显然是不可能的，况且现在美洲终碛的纬度比欧洲部分还要低4.5°。

总的来说，大西洋两岸具有一致性，即开普山脉和布宜诺斯艾利斯山地相对应，巴西与非洲大片麻岩高原上的喷出岩、沉积岩及其构造走向相对应。另外，两岸的阿摩力克山系、加里东褶皱、元古代的褶皱和更新世的终碛相对应。虽然还有一些细枝末节的问题没有得到确切的答案，但总而言之，这些"对应"都证明了大西洋是一个广阔裂谷的观点是正确的，为其提供了有力的证据。在大陆板块拼合的时候，不仅要依据其特征，还要依据它们的轮廓。但在拼合时，一方构造处和另一方相对应的构造确切衔接这一点，是具有决定性意义的。这就像一张被撕碎的报纸按其参差不

---

① 　赫布里底群岛位于苏格兰沿海，呈弧形，分为内、外赫布里底两个群岛，中间相隔北明奇和小明奇海峡。——译者注

② 　拉布拉多半岛位于加拿大东部，哈得孙湾与大西洋、圣劳伦斯湾之间，东南以贝尔岛海峡与纽芬兰岛相隔，北面以哈得孙海峡与巴芬岛为界，东北隔戴维斯海峡与格陵兰岛为界。——译者注

齐的断边重新进行拼合时，如果碎片间的文字恰好契合，则我们会得出这样的结论：这些被撕碎的纸片原来确实是完整地连接在一起的。如果只有一行文字的连接是正确的，那我们可以推测出有重合的可能性，即使概率很低；如果有 n 行文字能连接，那么重合的概率就会大大增加。弄清楚这一点，是有一定价值的。根据我们的第一个观点，即开普山脉与布宜诺斯艾利斯山地的褶皱相对应，假设大陆漂移学说正确的概率为 $1：10$，现在已经至少有 6 个可以佐证的事实了，那么大陆漂移学说就有 $1×10^6：1$ 的正确概率了。这个数字可能夸大了些，但我们在判断时应该明白独立检验项数的增加具有多么重大的意义。

再继续向北看，大西洋裂谷在格陵兰岛两侧分叉，并逐渐变得狭窄。因此，大西洋两岸的相互对应已经失去了作为证据研究的价值，我们可以依据大陆板块所处的位置说明其起源。范围广泛的玄武岩碎片分布在爱尔兰和苏格兰的北部边缘，以及赫布里底群岛和法罗群岛（Faroes Islands）[1]，在冰岛至格陵兰岛的一侧也有分布，形成了格陵兰东岸斯科斯比湾以南的大半岛，沿此海岸前行至北纬75°处仍然可以找到它的踪迹。此外，在格陵兰岛的西海岸也有大面积的玄武岩。总之，在这些地方，含有陆生植物的煤田都同样位于两个玄武岩流之间，由此可以得出它们之间以前有陆地相连的结论。根据泥盆纪"老红"（Old Red）层的分布，我们也可以得出同样的结论。在美洲，从纽芬兰到纽约有"老红"层分布，在英国、挪威南部、波罗的海地区、格陵兰岛以及斯匹次卑尔根岛处同样有"老红"层分布。这表明这些地区在形成初期是相互连接的整块区域，后来才分裂开来。按照以前的说法，这些现象是由于中间地带发生了沉

---

[1]　法罗群岛位于挪威海和北大西洋之间，处于挪威到冰岛之间距离一半的位置，由覆盖冰川堆石或泥炭土壤的火山岩构成，地势高耸崎岖，有险陡的峭壁。其海岸线非常曲折，有峡湾，汹涌的潮流激荡着岛屿间狭窄的水道。——译者注

在入海口，纽芬
兰河将大量泥沙
带入大海

降，大陆漂移学说则认为是陆地分裂后各碎片漂移的结果。

　　值得注意的是，未经褶皱的石炭纪沉积层，既分布在格陵兰岛东北部北纬81°附近，又分布在对岸的斯匹次卑尔根岛上。

　　此外，格陵兰岛与美洲北部之间也存在着构造上的一致性，正如我们预期的那样。美国地质调查局绘制的北美洲地质图显示，在格陵兰的费尔韦尔角（Cap Farewell）及其西北地区的片麻岩中，发现了很多前寒武纪时期的喷出岩，而在美洲贝尔岛海峡的北侧也可以看到同样的岩石。

　　格陵兰岛西北部的史密斯海峡（Smiths Channel）[1]和罗伯逊海峡（Robeson Channel）[2]附近的裂隙不是由互相分离形成的，而是由大规模的水平移位（也就是"平移断层"）形成的。格林内尔地（Grinnell

---

[1]　史密斯海峡是北冰洋海上通道，在加拿大埃尔斯米尔（Ellesmere）岛和格陵兰西北部之间，长88千米，宽48~72千米，北为凯恩盆地（Kane Basin），南接巴芬湾，夏季未通航。——译者注

[2]　罗伯逊海峡：连接北大西洋巴芬湾与北冰洋林肯海的水道最北部分，位于加拿大埃尔斯米尔（Ellesmere）岛（西侧）和格陵兰岛西北部（东侧）之间，宽18~29千米，从霍尔海盆向北延伸80千米至林肯海，夏季短期可通航。——译者注

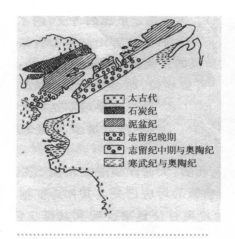

太古代
石炭纪
泥盆纪
志留纪晚期
志留纪中期与奥陶纪
寒武纪与奥陶纪

格陵兰西北部地质图（劳格·科赫）

Land）沿着格陵兰滑动，形成了两陆块之间显著的直线形边界。我们在劳格·科赫绘制的地质图中可清晰地看到（如左图所示），格林内尔地在北纬80°10'与格陵兰岛所在的北纬81°31'处的泥盆纪和志留纪间的边界线。

在这里，我想简单论述一下大西洋生成以前大陆的连接情况。与此相关的详细说明，例如硅铝块的可塑性、地层熔合的过程等此处不再详述。但为了避免误解，此处有必要对裂隙边缘的地质情况做若干说明。

在拼合大西洋两岸大陆之前，我们必须把南美洲东海岸的阿布罗霍斯浅滩（Abrolhos Bank）排除在外。此处的海岸轮廓呈锯齿状，与南美洲大陆架近乎直线形的轮廓有明显的差异，其一定是特殊原因形成的。这个浅滩可能是熔融的硅铝质（花岗岩）移位时，从南美洲大陆块底部上浮到其边缘附近导致的。同样，塞舌尔岛（Seychelles Island）[1]上的花岗岩块很可能是从马达加斯加岛或印度边缘的底部上浮而来的。由此推想，冰岛基底大概也是以同样的方式形成的。

在两大陆连接时，不需要把非洲尼日尔河口三角洲区域的凸起删去。因为在巴西的北海岸有一个相对应的小海湾，虽然三角洲凸出部分有相应的河口，但河口非常小，必须将凸出部分缩小至一定程度。至于三角洲

---

[1]　塞舌尔岛位于马达加斯加以北远离非洲东海岸的西印度洋，由92个岛屿组成，一年只有两个季节，即热季和凉季，没有冬天。——译者注

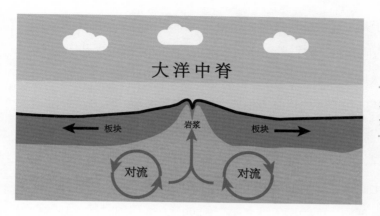

凸出部分，很多人认为是由河口的堆积物形成的，在我看来，这个凸出很可能是非洲大陆的可塑性变形、挤压形成的。实际上，在非洲东北部和南部两大片陆地之间的角隅内，这种情形很容易发生。在埃塞俄比亚和索马里半岛之间的红海地区有一个显著的三角形地带，与上文所述情况十分相似。以后我们会详细讨论。在喀麦隆裂隙沿线，火山活动形成了喀麦隆火山，它延伸为斐南多波（Fergndo Po）、太子（Principe）、圣汤姆斯（St. Thomas）以及安诺本（Annobom）等火山岛。地壳的水平运动产生压缩力，从硅铝块中间挤压出流动的液态硅镁质，从而形成火山，是经常可以见到的。

北美洲的复原图与今天的地图略有一些偏差，不仅纽芬兰岛（包括纽芬兰的浅滩）与冰岛撕裂开来，旋转了30°，而且整个拉布拉多地区都要往东南方向移动。这么一来，圣劳伦斯河和贝尔岛海峡的裂谷将从直线形变成现在的S形弯曲构造。如果哈得孙湾和北海的浅滩不是在大陆板块破裂时形成的，那就是在拉动过程中逐渐扩大形成的。于是，在大陆拼合时，纽芬兰大陆架要做双重的位置变化：旋转和向西北方向移动，并循着新斯科舍附近的大陆架线远远凸出海中。

依现在的水域深度图来看，冰岛可被认为是在两个裂隙之间的陆块。最初，在格陵兰岛和挪威的片麻岩山丘之间形成了裂隙，后来该裂隙被大陆块下方熔融的硅铝质填充了一部分，但其余部分是由硅镁质组成的，像现在的红海一样，所以当大陆块再次受到挤压时，硅镁质脱离了底层较深区域，被挤到上面来了，从而形成了玄武岩浆的极度泛滥。这种现象发生在第三纪才是合理的，因为南美洲在第三纪向西方漂移的时候，必然会引起北美洲一时的扭转。这样，只要从冰岛到纽芬兰一带的山脉纹丝不动，那么北美洲发生扭转时必然会使北部受到挤压。

在这里，我们可以对大西洋中央的海底浅滩做简要说明。豪格（Haug）认为整个大西洋洋底是一个巨大的向斜①层，大西洋中央的海底浅滩是这个大向斜的发端，但目前大多数人认为这种说法是没有充分依据的。读者如果想了解得更详细，可以看一下安得雷的评论。按照大陆漂移学说，这个浅滩是大西洋裂谷较为狭窄时的底部，被下沉的大陆边缘、沿岸沉积物和部分硅铝质熔块所填充。如今位于这个长形浅滩上的岛屿，肯定是那时裂隙边缘的碎片形成的。这些岛屿的外观构造是纯火山性的，并不与大陆漂移学说相矛盾。当大陆继续向两侧漂移时，这些填充裂隙的物质就会保留在两大陆的中间。瓦尔提维亚（Valdivia）探险家和德里格尔斯基（Drygalski）领导的德国南极探险队在大西洋中央发现了含有直径约0.02毫米细粒矿物的所谓深海砂，这显然是海岸附近的一种沉积物。这一事实足以证明我们的推测是正确的。只有这样，海底的各个部分才能在早

---

① 向斜源自希腊语，原指对向倾斜的意思。在地质学中，向斜是褶皱的基本形态之一，与背斜相对。在地壳运动的强大挤压作用下，岩层会发生塑性变形，产生一系列的波状弯曲，叫作褶皱。——译者注

期与陆岸邻近。

除了大西洋两岸以外，其他需要从地质学角度论证古代大陆块相连接之处，并不多了。

马达加斯加岛与其邻近的非洲地区一样，都是东北走向的褶皱片麻岩台地，在断裂线的两侧堆积了完全相同的海相沉积物。这恰恰说明了一个事实，即二者自三叠纪开始即被一条淹没的断沟层分开。从马达加斯加岛上生存的陆栖动物角度看，也确实如此。但是，根据勒摩恩的研究，在第三纪中期（即印度已经与非洲大陆分离以后）曾有两种动物（河猪和河马）从非洲移居到了马达加斯加岛。就算这些动物竭尽全力，最多也只能横渡30千米宽的海峡，但是现在的莫桑比克海峡（Mozambique Channel）[①]的宽度接近400千米。所以，马达加斯加岛只能是在第三纪中期以后才与非洲彻底脱离，除此之外不会有第二种解释。如此说来，印度早于马达加斯加岛向东北方向漂移也就很容易理解了。

印度也是一个褶皱的片麻岩平坦地。现在，褶皱的形态仍然可以从古老的阿拉瓦利（Aravalli）岭（塔尔沙漠的边缘处）和同样古老的科拉那山脉中看到。根据休斯的研究，前者的走向是向东36°偏北，后者的走向亦为东北。这两条山脉的走向与非洲—马达加斯加的走向是一致的，只要把印度大陆略加旋转，就可以将其拼合起来。此外，在内洛尔山地（Nellore）和维拉康达山脉中也发现了中生代后期的褶皱，为南北走向，与非洲的褶皱方向极其一致。印度的钻石产地与南非的钻石产地是一脉相承的。根据大陆漂移学说进行推测，印度的西海岸和马达加斯加岛的东海岸曾经是相连的，而且都是由片麻岩高原上的直线形断裂形成的。两海岸

----

① 莫桑比克海峡位于非洲东南部的莫桑比克和马达加斯加岛之间，呈东北-西南走向，是世界上最长的海峡。据地质学家研究，约在1亿年前，马达加斯加岛是和非洲连在一起的，后来在东非地壳运动时发生断裂，并与非洲分离，岛的西部下沉，形成了这条又长又宽的海峡。——译者注

侏罗纪海岸线上
的褶皱碎屑地层

在断裂处形成之后，沿断裂线可能产生了相互滑移（此种情形同格林内尔地与格陵兰一样）。在两海岸断裂处的北部均发现了玄武岩的痕迹，断裂两边的长度大致相当于纬度10°。德干高原的玄武岩层产生于第三纪初期，分布在印度北纬16°处。因此，我们有理由推测这和大陆的分离有关。马达加斯加岛的最北部是由两种不同时期的古代玄武岩形成的，但至今还不能确定具体的形成时期和成因。

巨大的喜马拉雅褶皱山系主要形成于第三纪，是由地壳之间互相挤压形成的，所以现在的亚洲大陆的轮廓与以前相比，具有很大的差异。其实，从西藏、蒙古到贝加尔湖，甚至到白令海峡一线以东的整个东亚地区，都受到过这次地壳挤压的影响。最新研究表明，这个褶皱并不只发生在喜马拉雅山区，还有诸如彼得大帝山脉（Peter the Great Mountains）处，其在第三纪始新世时，岩层被褶皱成海拔5600米的高山，甚至在天山山脉中也产生过逆淹冲断层。虽然有些地方看不到这种褶皱现象，但是平缓地带的隆起也与这种褶皱有着密切的关系。巨大的硅铝块会在褶皱发生时深陷下去，在深处熔融并扩散到与其相邻的大陆块底部，将该处地面抬升。现在我们来探讨亚洲陆块的最高区域（海拔4000米，褶皱距离长达1000千米）。如果按照阿尔卑斯山脉处的褶皱缩短至原长度的1/4来计算（虽然该处比阿尔卑斯山高得多），我们可以计算出印度大陆移动的距离大约是3000千米。如果真是如此，那么印度在未受到挤压时，应该位于马达加斯加岛附近。因此，之前有关雷牟利亚（Lemuria）陆桥（在印度与马达加斯加岛之间）已经沉没的说法，就不能成立了。这个规模巨大的皱缩可在其狭窄的褶皱带两侧看到痕迹。比如，马达加斯加岛与非洲大陆分裂开来，东非近期裂谷带（包含红海和约旦河谷）就是这次皱缩产生的一部分现象。索马里半岛向北推移，导致阿比西尼亚山系被迫升高。深沉在熔融温度等温线以下的硅铝质，从大陆块底部流向东北，而后从索马里半岛与阿比西尼亚之间的角隅处喷涌到地面上来。阿拉伯半岛也受到了东北方向的挤压，使得阿克达山脉就像骑士脚下的鞋钉一样戳入波斯山系。兴都库什山脉①与苏莱曼山脉②之所以能呈扇形聚集，表明这里已经达到了皱缩区的西限。同样的情况也发生在皱缩区的东限。在那里，缅甸的山脉往回转折，以南北走向穿过越南、马六甲海峡和苏门答腊岛。总之，整个东亚地区都受到了这次挤压的影响：西限从兴都库什与贝加尔湖之间的雁行式褶

---

① 兴都库什山脉是亚洲中部的褶皱山系，发源于青藏高原西南部的印度河和帕米尔高原的阿姆河的分水岭，长约1600千米，平均海拔约5000米。——译者注

② 苏莱曼山脉位于南亚西部巴基斯坦境内，自帕米尔高原向西南延伸，呈弧形分布在巴基斯坦中部，为伊朗高原的东缘。其南北延伸约600千米，宽约300千米，地势高峻，为印度河流域和伊朗高原内陆水系的分水岭。——译者注

冰岛辛格韦德利国家公园中的裂缝。辛格韦德利国家公园是冰岛南部著名黄金圈中的三个景区之一，景区中的这条裂缝铭刻着地质演变过程，从这里跨过去就可从欧亚大陆踏上北美大陆

皱山脉①，一直延伸到了白令海峡；东限为拥有东亚岛弧的凸形海岸。

根据大陆漂移学说，印度东海岸与澳洲西海岸曾经相连接。其裂隙自贡瓦纳桥的下层开始，印度东岸也是片麻岩高原上的陡峭分裂线，其中有一段呈狭沟状的戈达瓦里（Godavari）煤田是特殊现象，此处是由下贡瓦纳地层组成。在沿岸一带，上贡瓦纳桥地层不整齐地覆盖在周边。在澳洲西部，有与印度、非洲一样的波状起伏的片麻岩地。该片麻岩地以一个长而陡峭的斜坡向海洋中倾斜，从而形成了达令山脉（Darling Range）②及其

---

① 雁行式褶皱山脉：又称斜列式褶皱山脉，为一系列呈平行斜列（雁行状）的短轴背斜或向斜，它可以由不同规模和级次的背斜或向斜组成，是褶皱构造常见的一种组合形式。——译者注

② 达令山脉：实为澳大利亚西部高原西南边缘的断层悬崖和经流水切割的花岗岩台地，故又称达令高原。其北起穆尔河，南至布里奇敦，绵延约320千米。——译者注

向北延伸的末端山脉。在斜坡前方有一条窄长的低平地带，是由古生代和中生代的地层组成的，有些地方被玄武岩流切穿。在低平地带的前方，还有一条时隐时现的较为狭窄的片麻岩带。在厄尔文河地层内，同样含有石炭纪的地层。虽然澳洲的片麻岩褶皱一般被认为是南北走向，但若与印度拼合起来，则其会转变为东北-西南走向，因而与印度主要构造的走向平行。

雷姆利亚古陆的皱缩

　　在澳洲东部，主要的褶皱发生在石炭纪的科迪勒拉山系处，走向为沿海岸自南向北。当它逐渐向西推移时，以雁行式褶皱终结，其每个褶皱大致是南北走向。和兴都库什山脉与贝加尔湖之间的雁行式褶皱一样，其也是皱缩运动的侧限。此处还是从阿拉斯加穿越四大洲（北美洲、南美洲、南极洲与大洋洲）的巨大安第斯褶皱的终点。在澳洲的科迪勒拉山系中，最西端的山脉是最古老的，最东端的山脉是最新的。塔斯马尼亚岛是此山系的延续。该山系的构造与南美洲的安第斯山系有一定的相似性，这确实很有趣。南美洲的安第斯山系因位于南极对面，所以其最东侧的山脉最为古老。澳洲没有最新的褶皱山系，休斯却在新西兰发现了。这里的褶皱形成于第三纪以前。休斯指出："按照新西兰大多数地质学者的意见，毛利山系（Maorian Mountains）是新西兰的原始山脉，其主要褶皱的形成时间是在侏罗纪与白垩纪之间。"在这个褶皱出现以前，这里的一切都被海水淹没。之后，新西兰地区才转变成陆地。白垩纪晚期和第三纪时期的沉积大多没有经过褶皱，且仅见于边缘部分。而在新西兰南岛上，只在东海岸有白垩纪沉积物，西海岸却没有发现，由此可见，西海岸当时与陆地相连接。因为在西海岸也能看到第三纪时期的海相沉积物，所以西海岸分离是从第三纪时期开始的，这个判断是没有问题的。到了第三纪末期，虽然其是很小的陆块，但产生了褶皱、断层与逆掩冲断层等现象，才形成了如今所见到的山地地形。这一切都能用大陆漂移学说来解释：新西兰岛以前位于澳洲科迪勒拉山系的东部边缘，与大陆分离之后形成了岛弧，褶皱运动也随之中止了。至于第三纪末期的变动，我们猜想，大概与澳洲大陆块的推移和漂离有关。

从新几内亚地区的海深图中，我们可以看出澳洲后期运动的细节。如新几内亚岛链散布示意图所示，巨大的澳洲大陆块有坚硬如铁的前端，这是由于在新几内亚岛褶皱成年轻的高大山系时，澳洲陆块前端从东南方被挤压到巽他群岛和俾斯麦群岛中间去了。在新几内亚地区的海深图中[①]，我们可以看到巽他群岛最南端的两列岛弧：东西走向的爪哇-韦特尔（Wetter），其东端绕班达群岛[②]作螺旋状折曲到达实武牙浅滩，走向变成了从东北北转向西北西，再到西南。帝汶（Timor）岛弧因与澳洲大陆架相撞，导致位置与走向发生了变化。对此，布劳沃有过详尽的地质论述。这个岛弧同样被强烈的螺旋折曲，一直延伸到布鲁岛（Buru），在新

---

① 最好的巽他群岛图见G. A. F. 莫伦格拉夫（G. A. F. Molengraaff）撰写的《东印度群岛近代深海的研究》一文中，载于1921年英国《地理杂志》第95~121页。该图中的陆地的高度与海的深度的间距是相同的，所以看起来最为清楚。

② 班达群岛：由印度尼西亚班达海东北部十余座小火山组成的群岛，位于塞兰岛南方约110千米处。其最大的琅塔岛（即大班达岛）附近有紧密相邻的火山岛及小班达岛。——译者注

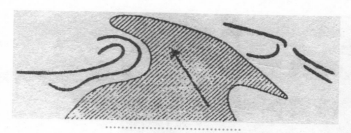

新几内亚岛链散布示意图

新几内亚地区的海深图

几内亚的东边，有一个可以说明此过程的有趣事实。新几内亚岛从东南方向漂移而来，紧擦俾斯麦群岛，以其原先的东南端触及新不列颠岛（New Britain），从而导致这个长岛被迫旋转了90°，弯曲成了半月形。在当时的激烈作用下，在新几内亚岛的后方形成了一道很深的裂沟，但行动急剧，导致硅镁质没能够填充进去。

很多人或许会认为只通过看海深图就得出上述结论，未免太轻率了。但实际上，在深海图上到处都有可以作为陆块运动的可靠证据，特别是在近期地质年代最为有用。有一件事非常值得一提，在巽他群岛上工作的荷兰地质学者们是最早采用大陆漂移学说的。事实上，个别进行的对大陆漂移学说的研究，取得了许多成果，这都证明了大陆漂移学说的正确性。

澳大利亚心形大堡礁。大堡礁是世界上最大、最长的珊瑚礁群，位于南半球，纵贯澳大利亚的东北沿海，北起托雷斯海峡，南到南回归线以南，绵延伸展 2011 千米，最宽处约 161 千米。有约 2900 个大小珊瑚礁岛，自然景观非常特殊

例如，B. 瓦纳（B. Wanner）在解释布鲁岛与苏拉威西岛（Sulawesi）[①]之间存在深海（在构造上是不可能的）时，指出布鲁岛曾进行了10千米的水平移动，这和我的想法相一致。在G. A. F. 莫伦格拉夫（G. A. F. Molengraaff）绘制的巽他群岛地图中，凡是珊瑚礁地域中海拔超过5米的地方都有标注。根据大陆漂移学说，我们知道这些地域恰好是硅铝质受到挤压而变厚的地方，也就是指澳洲大陆块前方的整个地区，包括苏拉威西岛（苏门答腊和爪哇的西海岸除外）和新几内亚的北海岸、西北海岸。据加盖尔所述，在新几内亚的威廉帝角和新不列颠岛上存在较新的阶地，隆起至1000米、1500米，甚至1700米的高度。这种备受瞩目的现象说明在最新时期该处作用着极大的力。这和我们认为该部分地壳受到过冲撞相吻合。

新几内亚、澳洲东北部与新西兰南北两岛被两条海底山脊连接着。它

---

① 苏拉威西岛：旧称西里伯斯岛（Celebes），是印度尼西亚中部的一个大型岛屿，也是世界第11大岛，其四个半岛向东北方、东方、东南方和南方伸出。岛上多高山深谷，少平原，是印尼山地面积比例最大的岛屿。——译者注

标示出了大陆漂移的路径。其很可能是由遗留在后面的陆块底部流出的熔融物质构成的。

　　由于我们对南极地区的了解还不充分，所以关于澳洲与南极大陆的连接所知甚少。沿澳洲南部的整个海岸有一条宽阔的第三纪沉积带，横断巴斯海峡（Bass Strait）继续向前延伸。后来研究人员又在新西兰岛有同样的发现，但在澳洲东海岸完全看不到沉积带的影踪。由此我们可以推测，在第三纪时期，澳洲（塔斯马尼亚岛除外）与南极地区已经被布满海水的裂沟（甚至深海）分开了。一般我们认为塔斯马尼亚岛与南极地区的维多利亚地（Victoria Land）相连接。此外，O. 威尔根斯（O. Wilkens）这样写道："新西兰山脉的西南向弯曲（奥塔哥①鞍部）至南岛的东海岸突然中断。这个中断是极其不正常的，应该是断裂导致的。因此，只能从格雷厄姆地科迪勒拉（南极安第斯山脉）这一方向去探索这个山系的延续部分，除此之外别无他法。"

　　另外，南非洲开普山脉的东端也是突然中断的。按照我们对南极洲显然不很确定的复原，我认为这些山脉的延续在高斯堡（Gauszberg）与科茨地（Coats Land）之间，但这里的海岸仍然是未知的。

　　南极洲西部与火地岛的连接，是充分说明大陆漂移学说正确性的良好例证。从古生物学的角度看，火地岛与格雷厄姆地至少在上新世时期有过某种范围内的物种的交换。这种交换只能用两岬都靠近新月形的南桑德韦奇群岛②来解释。此后，两岬向西漂移，但它们之间狭窄的连接物却固着

① 奥塔哥：位于新西兰南岛东南部，面积约为12000平方千米，是新西兰第二大地区。奥塔哥的首府是但尼丁。——译者注

② 南桑德韦奇群岛：南大西洋南部的火山岛屿群，位于威德尔海北面，距离南极大陆最近处约2000千米。该群岛由7个主岛和其他小岛组成，陆地总面积约为310平方千米。岛上多山，覆有冰雪。——译者注

德雷克海峡（Drake Passage）海深图（格罗尔）

在硅镁层之中了。这从上图中可以看得很清楚。当时的雁行式褶皱从漂移的大陆块上逐渐脱落而遗留下来。南桑威奇群岛正好位于裂隙的中部，因此在这次运动过程中弯曲得最为显著，包含于陆块中的硅镁质被挤压了出来。该群岛由玄武岩构成，其中扎沃多夫斯基岛（Zawodovski Island）[①]上至今仍有火山活动。根据库恩的研究，在南安的列斯岛弧的整个山脊上都没有发现第三后纪的安第斯褶皱，但在南乔治亚岛[②]和南奥克尼群岛[③]上可以看到较老的褶皱，用大陆漂移学说来解释这种特殊现象最合适不过了。

---

① 扎沃多夫斯基岛：在南大西洋南桑德韦奇群岛北部，是特拉韦赛群岛中的火山岛。该岛直径约5千米，火山在该岛西部，东部是低洼熔岩平原。——译者注

② 南乔治亚岛：是一个活火山岛，位于南大西洋，呈西北-东南走向，长160千米，宽32千米，面积为3756平方千米。其表面一半是经年不化的冰雪，一半是赤裸的岩石或者冻土植被。——译者注

③ 南奥克尼群岛：南大西洋上的岛群，在南大西洋斯科舍（Scotia）海和威得耳（Weddell）海之间。——译者注

如果南美洲和格雷厄姆地的褶皱山脉确是因大陆板块向西移动产生的，则南安的列斯岛弧附着在硅镁层上不动，被遗留下来时，褶皱作用也就在此中止了。

在南大陆随处可见的二叠纪-石炭纪的冰河现象可以作为大陆漂移学说正确性的佐证。这种冰河现象在整个南大陆可见，与北半球的"老红层"相同，它们只是之前连接大陆的分散部分。用大陆漂移学说来解释冰河现象比用陆桥说容易得多。不过这种现象与气候学有关，我将在第六章进行详细叙述。

专家评述与研究进展

这是本书笔墨最多的一章，用漂移开的两个大陆的地质现象的对比，力图证明在地质历史上它们曾经在一起。魏格纳向我们演示，构造研究不仅要着眼本地，而且要联系起来进行研究。

本章一开始就提到了大西洋上一个广阔的裂谷，如果将大西洋两侧大陆拼合，"没有产生任何偏差的余地"。1965年，英国地球物理学家布拉德应用计算机对大西洋两岸进行拼合，发现最佳拼合处并非海岸线处，而是海平面以下915米等深线处。在该处，南、北美洲与非洲、欧洲完美地对接在一起，中间的误差小于1°（经度）。

魏格纳根据大西洋两岸地质构造的对应——最南端非洲的开普山脉和南美阿根廷南部晚古生代布宜诺斯艾利斯山地的东西向山脉的构造方向、岩石层序和所含化石都一致；巴西片麻岩高原与非洲的片麻岩高原十分相似；北美纽芬兰一带的褶皱山系与西北欧斯堪的纳维亚半岛的褶皱山系相对，都属于早古生代加里东造山带——开创了地质学研究的新方法，不仅要考虑当地的构造演化，而且要考虑周围甚至遥远地区的构造。

现今板块学说已经证明了大西洋两岸的张开过程。不同的是魏格纳认为大西洋在南部布宜诺斯艾利斯—开普敦处最宽，也是最早分裂的，大西洋是从南向北逐渐张开的。而现今板块理论认为大西洋的张开分南北两段，北段于约1.8亿年前在中大西洋开始裂开，然后逐渐向北扩展；南段最早在约1.3亿年前在南美洲南端开始裂开，并逐渐向北扩展。

1885年休斯根据南半球几个大陆上岩层的一致性，推断出冈瓦纳古陆的存在。魏格纳通过对比印度、马达加斯加与非洲的构造、古气候、古生物的证据，进一步证明冈瓦纳古陆曾经存在过。印度从马达加斯加附近移动3000千米才到达今天的位置。魏格纳认为喜马拉雅山显示出大块地壳的褶皱，是由地壳之间挤压形成的。现今板块学说已经证明，约0.65亿年前的留尼汪热柱活动中，印度板块加速北上，印度—欧亚板块的碰撞发生在0.45亿~0.5亿年前，印度运动速率由14厘米/年减小到9.5厘米/年，而自约0.36亿年前以来，两大陆相对会聚的速度稳定在5厘米/年左右，最终形成了雄伟的世界屋脊——青藏高原。

魏格纳还研究了南美洲和南极洲之间的德雷克海峡，认为南极洲西部与阿根廷南端之间是大陆漂移的极好例证。这里有一个东凸的弯月形的南桑德韦奇群岛，他认为是南北两侧的南极洲和阿根廷向西漂移，而南桑德韦奇群岛黏固在硅镁层之中造成的。现代板块学说证实，这里有一个斯科舍板块，是南极洲与南美板块之间的一个东西向条带状的微板块。这个微板块相对于南北两侧板块向东运动，因而形成了向东凸出的南桑德韦奇火山弧。

第五章
古生物学及生物学的论证

　　各大陆之间过去相连接，古生物学和生物学领域证据极多，在本书中逐一阐述是不可能的。这些证据涉及的植物与动物地理分布方面，已被陆桥说信奉者多次提及，我们只需要列举相关参考文献就可以了[①]。在本书中，我们只限于了解相关基本概念，并对一些特别重要的事实进行阐述。

　　对于大陆之间曾经是否相连接的问题，各领域专家已经从不同的

远古蕨类植物化石。蕨类植物是最早的陆地植物，其化石大量存在于志留纪以后泥盆纪和石炭纪的古生代地层中，其中许多是与现存蕨类有关联的原始类型

---

① 　许多人谈到过各个陆桥，其中T. 阿尔特脱在其所著的《古地理手册》第1卷"古生物学"里提供了大量的相关文献。

角度做了回答。每个专家都是从自己的研究领域出发总结的研究成果，这些独特的研究成果不免有从个别到一般的倾向。阿尔特脱为了获得一个粗略的梗概，曾专门搜集了各个专家对各个时代陆桥的意见，并对其进行了统计分析。这种处理方式引发了很多的质疑，但由于文献资料繁杂，相较之下这种方式还是比较合理的，而且分析结果证明了他所采用方法的恰当性。他利用了许多人撰写的论文和绘制的地图，涉及步尔克哈特（Burckhardt）、迪纳尔（Diener）、弗勒希（Fresh）、弗里茨（Fritz）、汉德勒希（Handlirsch）、豪格、V. 伊林（V. Ihering）、卡尔宾斯基（Karpinsky）、科根（Koken）、科斯马特、卡次儿、拉帕伦特（Lapparent）、马修（Matthew）、诺伊梅尔（Neumayr）、奥尔特曼（Ortmann）、奥斯本（Osborn）、舒孝特（Schuchert）、乌利格（Uhlig）和威利斯等。下图所示为阿尔特脱绘制的统计表的简化图，统计表中前四个陆桥的统计结果用曲线表示在了图中。每个陆桥的统计结果都用三条曲线表示，分别为赞成票曲线、反对票曲线及两者之差曲线，并且在两者之差的区域内画上了阴影，使其能够一目了然。这四个陆桥都位于

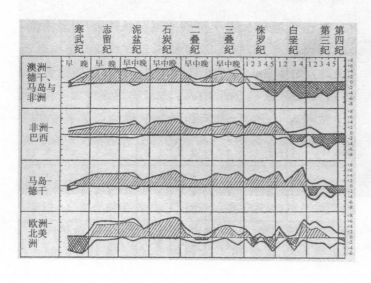

阿尔特脱绘制的统计表简化图，用于表示4个后寒武纪陆桥问题的投票结果，上黑线代表赞成票数，下黑线代表反对票数，二者的正差以斜线表示，负差以交叉线表示

现在的大西洋区域，我们最感兴趣。从投票结果上看，虽然意见有分歧，但大体上还是很明朗的。澳洲与印度（连同马达加斯加岛与南非）间的连接，在侏罗纪初期以后不久便消失了；南美洲与非洲间的连接，在白垩纪前期和中期之间消失了；印度与马达加斯加岛间的连接，在白垩纪过渡到第三纪时消失了。以上三处地方，自寒武纪以来直到连接消失都有过陆地连接。至于北美洲与欧洲间的连接，则显得有些与众不同。虽然众说纷纭，但人们也有相当一致的看法。在较古老的时代（寒武纪、二叠纪），两大洲间的连接曾一再遭到破坏。在侏罗纪与白垩纪时期也中断过，不过中断的原因是海水泛滥，结束以后就又恢复了连接。最后的破裂情形，如同我们今天所看到的那样，被大西洋完全分开，这是到了第四纪才发生的事。

奇虾复原图。奇虾是寒武纪时期的史前生物。寒武纪时期的动物大多数只有几毫米到十几厘米长，奇虾则体长 60~200 厘米，可以说是当时地球上的霸主

阿尔特脱绘制的统计表

地质年代	澳洲—德干高原(非洲、马达加斯加岛)		非洲—南美洲		印度—马达加斯加岛		欧洲—北美洲		火地岛—南极西部		澳洲—南极东部		北美洲—南美洲		阿拉斯加—西伯利亚	
	+	−	+	−	+	−	+	−	+	−	+	−	+	−	+	−
寒武纪早期	2		2	1		2	5		2		2		5		5	
寒武纪晚期	3	1	3	1	3		6		3		3		6		6	
志留纪早期	5		4	1	5		6	1	4		4		4	3	1	6
志留纪晚期	5		4	1	5		6	1	4		4		1	7	1	6
泥盆纪早期	5		4	1	5		6		4		4		3	3	2	4
泥盆纪中期	5	1	5	1	5	1	7	1	1	4	1	4	4	4	1	7
泥盆纪晚期	2		2		2		3			1		1	1	2		3
石炭纪早期	5		5		4		6		1	3	4		1	7		7
石炭纪中期	5		5		5		7		1	3	4			7	2	5
石炭纪晚期	6		6		6		8			5	5			8	2	6
二叠纪早期	3		3		3		3	1	1	2	1	2	1	2	2	1
二叠纪中期	1	1	2		2		1	2		2		2	1	2	2	1
二叠纪晚期	2	1	3		3		1	2		3		3	2	1		3
三叠纪早期	4	1	4	1	5		4	1	1	3	4		3	3	5	
三叠纪中期	4		4		4		5			3		3	2	3	4	
三叠纪晚期	5	2	5	1	6		4	3	1	4	5			8		8
瑞提克期（Rhaetic）	2		2				3		1		1		2		2	
里亚斯期	2	3	5		5				4				4	6	4	2
次鳞状层期	1	3	4		4		2	1	3		2		4		3	1
大鳞状层期	3		3		3		2		2		1	2	3		1	2
侏罗纪早期	5		5		5				6		4		1	3	6	
侏罗纪晚期	6		4	2	6		5	3	1	4	2	3	8		8	
白垩纪早期	1			1	1			1		1		1	1	1		2
白垩纪中期	5		1	4	6		5	1	1	4	1	4	3	4	2	5
白垩纪晚期	7		2	5	8		7	1	1	6	1	6	4	6	4	6
下始新世	6		3	3	1	5	5	2	1	4	3	3	2	5	7	1
上始新世	6		1	5	1	5	5	2	1	5	1	5	8		7	1
渐新世	4		4		2	2	4	2	1	4	4		6		7	
中新世	6		6		1	4	4	4	1	6	6		2	6	7	1
上新世	3		3		3		2	2	1	3	3		4		3	1
第四纪	3		3		3		1	3	3		3		4		3	

上表中有关南极西部与火地岛、南极东部与澳洲相连接的统计结果中，反对票占绝对优势。造成这种结果的原因，显然是我们对于南极地区的认识不够透彻。多数学者认为南极地区与其他大陆相连接的假设是没有正当理由的，是否有过连接我们是不能妄加猜测的。因此，我们只对赞成票加以探讨。投赞成票者认为，从白垩纪到上新世，乃至在此之前，德雷克海峡处有过物种的交换[①]；从侏罗纪到始新世，澳洲与南极洲间也有过物种的交换。此外，我们还应该注意到，澳洲与南美洲间的物种亲缘关系非常多，这样的结果显然是以南极洲为桥梁产生的。但直到现在，由于这些还不能确定，故被阿尔特脱忽略了。因此，就整体而言，上表并非是为了达到我们的目的制作的。

上表最后两列所揭示的是中美陆块与白令海峡处的陆桥区，时至今日这两处仍然有陆块相连接。当然，这些陆桥对于大陆漂移学说并没有什么特别重要的意义，因为我们一直认为陆块是可以暂时性地隆起和沉降的，而它们也确实一向如此。但为了消除某些误解，我们特地把这两个陆桥的例子列举出来。从地图上我们可以看到，现在南美与中美之间的陆地连接绝对不是偶然接触造成的。虽然上表显示二者之间的陆地连接有过短暂的沉没，但实际上它们在很早以前就已经连接在一起了。这个陆桥在志留纪和泥盆纪时曾露出海面，在二叠纪到三叠纪中期、白垩纪直至中新世以后也曾露出过海面。这一点谁都没有异议。这些陆块间的长期连接，并不和南美洲脱离非洲早于北美洲脱离欧洲的事实相矛盾，特别是在把中美曾经过极大的可塑性变形这一点考虑进来后，就更不足为奇了。南美洲的运动大部分是旋转运动。白令海峡处的陆块连接与此有很强的相似性。正如上

---

① 按照威尔根斯的意见，新几内亚—新西兰—南极西部—南美的陆桥在白垩纪时期仍然存在，因为新西兰东岸白垩纪中期的海相沉积和南极洲西岸的同期沉积物有物种间的联系。

3.58 亿 ~4.19 亿年前的水中生物。从图中可以看到三叶虫及广翅亚目、芽生类、海百合类、线虫类和笔虫类生物

文所述，迪纳尔曾提出过反对意见："能使北美洲与欧洲相接固然是好的，可是这样一来，必然会破坏白令海峡处北美洲与亚洲的连接。"这种情形只会出现在墨卡托绘制的地图上，从地球仪上看，并不会出现。因为北美洲的运动也是以旋转运动为主，而在白令海峡处，这两个大陆板块从来没有分裂过。在志留纪和泥盆纪，从石炭纪中期到二叠纪中期，乃至里亚斯期到侏罗纪中期，这里都有陆桥浮现于水面上。最后，从白垩纪到第四纪，这个陆桥的某些位置可能被冰川所堵塞。

　　现在，让我们试着从生物学的角度来讨论一下大西洋裂谷。人们普遍认为，大西洋的形成晚于太平洋。关于这一点，乌毕希写道："在太平洋里，我们可以找到许多古老的物种，如鹦鹉螺（Nautilus）、三角蛤（Trigonia）、耳海豹等，可是在大西洋中完全看不到这些动物。"W. 米卡尔逊（W. Michaelson）的著作告诉我们，如今蚯蚓的地域分布，为过去大西洋两岸相连接提供了无可辩驳的事实依据，因为蚯蚓是完全不能穿越海洋的。事实上，在大西洋两岸的不同纬度处，存在着大量的动物亲缘关系。在南大西洋，物种间的交换发生于较古时代（蟆虫类、舌文蚯蚓和少

毛蚯蚓亚科、寒蟋蚯蚓亚科、三歧肠类、早期少毛蚯蚓亚科）；而在北大
西洋两岸，不但有比上述更古老的物种，如黑三棱类，而且发现了新近的
蚯蚓种类曾在此生活过。这种蚯蚓从日本到葡萄牙都有分布，同时穿越大
西洋在美国东部（西部没有）形成了土著种[①]。

　　下表是阿尔特脱绘制的，关于北大西洋陆桥问题的探讨，可以从中找
到佐证。从这个表中，我们可以看到大西洋两岸爬虫类及哺乳类动物的同
种百分比。

大西洋两岸爬虫类及哺乳类动物的同种百分比

地质年代	爬虫类 / %	哺乳类 / %
石炭纪	64	—
二叠纪	12	—
三叠纪	32	—
侏罗纪	48	—
白垩纪晚期	17	—
白垩纪早期	24	—
始新世	32	35
渐新世	29	31
中新世	27	24
上新世	?	19
第四纪	?	30

　　阿尔特脱绘制的统计表的简化图中的统计结果与上表中的数字趋势

---

① 　伊尔姆宣（Irmscher）曾从同样的角度出发，于1919年10月11日在汉堡任教时所做的题为
《大陆的起源在植物分布上的意义》的就职演说中，得出植物分布的状况与大陆漂移学说极相调
和的结论。植物的种子具有依靠暴风等传播的可能性，导致了地理分布上的混杂。

恐龙化石实物图。恐龙最早出现在三叠纪，距今 2.3323 亿 ~ 2.43 亿年

相吻合，大多数专家据此认为陆桥存在于石炭纪、三叠纪，之后又出现在侏罗纪早期（侏罗纪晚期没有）和白垩纪晚期到第三纪早期。其中，石炭纪时的陆地连接最为明显，大概是由于那时的动物区系比我们现在了解得更为完备的缘故[1]。欧洲和北美洲的石炭纪动物区系，经过了道孙（Dawson）、贝尔特朗德、瓦尔科特（Walcott）、阿米（Ami）、索尔特（Salter）、克勒白尔斯伯格等人的详细研究，已了解得与植物区系一样详细了。尤其是克勒白尔斯伯格，他曾论述过石炭纪含煤层中海相夹层内动物的相似性。石炭纪含煤层从顿内次开始，经过波兰上西里西亚（Oberschlesien）、德国鲁尔区（Ruhr）、比利时、英国，直达美国西部。既能在短时间内有如此广泛的分布，又能使相似的动物不局限于那些分布在世界上的种类，这是十分值得注意的。关于这一点，我没必要再做详细叙述了。在上新世与第四纪时期，上表中缺少爬虫类同种百分比的原因是受到当时非常寒冷的气候的影响，爬虫类动物灭绝了。至于哺乳类动物，从它们出现在地球上以后，就在同种百分比上显示出了与爬虫类动物相同的趋势，特别是在第三纪始新世时，一致性最为显著。关于这一点，

---

[1] 动物区系了解得越不完备，同种动物的百分比自然越小。

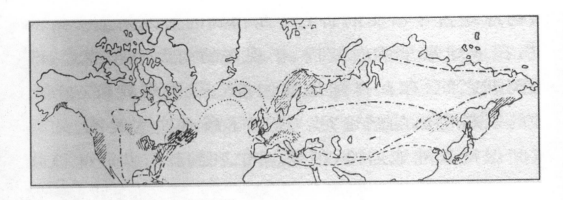

北大西洋生物分布图（阿尔特脱）

乌毕希说道："在始新世，北美哺乳动物的所有亚纲在欧洲几乎都有，其他动物也是一样。"从"大西洋两岸爬虫类及哺乳类动物的同种百分比"表中我们可以看到，上新世时期动物间的亲缘关系减弱，这大概是受到大陆冰川影响的缘故。请看阿尔特脱绘制的北大西洋生物分布图，其对北大西洋陆桥问题具有决定性意义。正如上文所述，新近的蚯蚓种类分布仅限于日本到西班牙以及美国东部地区。珍珠贝产于两大陆断裂线上的爱尔兰、纽芬兰及两侧临近地域。蜗牛的分布更引人注目，从德国南部，经过英国、冰岛、格陵兰岛，直到美洲，均有分布，但在美洲仅显见于拉布拉多、纽芬兰以及美国东部。鲈科鱼类和其他淡水鱼的分布同样如此。还有普通的帚石楠，它属于灌木类植物，除了欧洲以外，只可见于纽芬兰及其附近地区。大多数的美洲植物正好相反，在欧洲生长的地区仅限于爱尔兰西部。后面这种现象可用墨西哥湾流解释，但帚石楠的地理分布不能用同样的理由来解释。此外，还有很多证据可以证明纽芬兰与爱尔兰之间的陆桥一直到第四纪初期还存在着。在这个陆桥的北边，还有一个陆桥，在第四纪中叶以前似一直存在着。

关于格陵兰植物区系，我们可以从华明（Warming）和那托尔斯特

帚石楠，广泛分布于欧洲西部、亚洲、北美及格陵兰

（Nathorst）的研究中得到不少启示。他们的研究表明，虽然在格陵兰岛的东南海岸（即第四纪时位于斯堪的纳维亚和苏格兰北部前缘一带的海岸，大陆漂移学说认为二者应在一起），欧洲植物物种占有优势，但格陵兰岛的其他所有海岸（包括西北海岸），则是美洲植物物种占据优势。据森帕尔（Semper）的研究，格林内尔地兰和斯匹次卑尔根岛上的第三纪植物群的关系（63%），相对于格林内尔地和格陵兰岛而言关系（30%）更为密切，如今它们之间的关系却是相反的（分别为64%和96%）。我们如果依据大陆漂移学说，考虑始新世时的大陆分布情况，这个谜题就解开了，因为格林内尔地与斯匹次卑尔根岛间的距离比格林内尔地与格陵兰的距离短。

帚石楠版画

阿尔特脱绘制的统计表的简化图上，有关南大西洋陆桥的例证清楚明了，还很容易理解。很

多人，比如斯特罗梅（Stromer）曾着重指出，从舌蕨类（*Glossopteris*）植物、爬虫类中的中龙科（*Mesosauridae*）①以及其他动植物的分布情况来看，我们不得不认为南大陆间曾存在过广泛的陆地连接。

E. 姚斯基（E. Jaworski）针对各种可能的反对意见开展研究后，得出了如下结论：依据人们目前所掌握的西非和南美洲的地质学知识得出的假说，与依据过去和现在的动植物分布情况所得出的假说完全一致。也就是说，在远古时期，非洲与南美洲之间存在陆地连接。恩格勒（Engler）从植物分布角度着手进行研究，得出的结论是："纵观所有这些关系，如果存在下列陆地连接，则美洲和非洲之间有相同的植物分布是很容易解释的：巴西北部亚马孙河口的东南地区与非洲西部比阿夫腊湾（Biafra Bay）之间有岛屿或陆块相连接；南非的纳塔尔（Natal）与马达加斯加岛之间，以及向东北方向延续到与印度之间（除了被中国—澳洲大陆分离开来的部分），很早以前就有人提出过存在陆地连接。此外，南非植物区系与澳洲植物区系间的亲缘关系很多，所以需假设南非曾以南极大陆为媒介与澳洲之间有过陆地连接。"南大西洋陆地的最后连接处大概位于巴西北部与几内亚湾沿岸之间。斯特罗梅认为："非洲西部与处于热带的南美和中美地区都有海牛（Manatus）分布，这种海牛生活在河流和温暖的浅海中，是绝对不会横渡大西洋的。由此可以看出，过去非洲西部与美洲南部之间一定存在过被浅海所淹没的陆地连接。"

当然，以上许多事实也都被信奉陆桥说的人引用，但大陆漂移学说可从纯生物学的角度做更为简单的解释。因为应用大陆漂移学说解释动植物的地理分布时，不仅可以证明两大陆之间曾有连接，而且可以证明两大

① 迪纳尔反对此观点，他指出二叠纪-石炭纪时南非与南美洲上的脊椎动物是不一样的，但斯特罗梅认为这个理由是不充分的，因为我们对南美洲的动物了解得还不够。

陆之间的距离是变化的。关于这一点，最有趣的是胡
安·斐南德斯群岛（Juan Fernandez Island）。据斯高
次伯格（Skottsberg）的研究，该群岛上的植物与邻
近的智利海岸上的植物并没有任何亲缘关系，却与火
地岛（受到气流和海流的影响）、南极地区、新西兰
以及太平洋诸岛之间的关系极深。这个事实，正好印
证了我们的见解，也就是南美洲逐渐向西漂移，最后
才接近该岛，所以双方的植物区系才有如此明显的差
异。对于这样的现象，陆桥说却无法解释。

　　同样，夏威夷群岛上的植物区系与北美洲存在很
少的联系，虽然两地很近，风和洋流都从北美洲方向

德国北部第三纪中期时的
风景想象图，摘自《宇宙
与人类》，1910 年出版

阿尔泰铁角蕨，属于铁角蕨属的蕨类植物，为第三纪子遗植物

过来，相比之下，其和旧大陆（中国、日本等）的关系更为密切。如果我们这样想，这种现象就可以完全理解了，即在第三纪中新世时，北极位于白令海峡处，夏威夷群岛的纬度为北纬40°~50°，处于西风带区域，风是从中国和日本方向吹来的，加之当时美洲海岸距离夏威夷群岛较远。

　　德干高原与马达加斯加岛间的生物关系（陆桥说认为二者之间存在过现已沉没的雷牟利亚陆桥）已为我们所熟知，我们只要参考阿尔特脱绘制的统计表及其简化图就够了。在这个问题上，大陆漂移学说的优越性体现得淋漓尽致。按照它们现在的位置，它们处于不同的纬度，但拥有相同的气候和生物，只是因为它们位于赤道的两侧。现在两地相距如此之远，若想要从气候学的角度解释舌蕨类植物出现的时期，似乎是不太可能，这就成了未解之谜。可如果应用大陆漂移学说来解释，就会变得极其简单。前面已经说过，南半球含有舌蕨类植物的沉积层，不仅可以作为当时陆地相连接的证据，而且可以证明大陆漂移学说比陆桥说更为优越。因为依据它们现在的位置，它们不可能在过去的任何时期都具有相同的气候。关于这一点，我们将在下一章详细论述。

让我们来讨论一下澳洲的动物界。对大陆漂移学说而言，这具有特别重大的意义。华莱士（Wallace）曾将澳洲的动物界分为三个区系，该划分并没有被赫德莱（Hedley）新近的研究成果推翻。

其中，最古老的动物种类主要见于澳洲西南部，与印度、斯里兰卡、马达加斯加岛以及南非的动物具有亲缘关系。在这里，喜温的动物是亲缘关系的代表，还有习性畏惧寒冷的蚯蚓①。这种亲缘关系产生于澳洲与印度相连接的时期，这种连接已于侏罗纪早期断绝了。

澳洲的第二动物区系为人们所熟知——特有的哺乳类动物（有袋类及单孔类），与巽他群岛上的动物完全

生活于侏罗纪晚期的腕龙。它是体形最大的蜥脚类恐龙之一，也是曾经生活在陆地上的最大的动物之一、最有名的恐龙之一。一头 25 米长的成年腕龙，能把脑袋抬到距离地面 13 米高的位置，相当于 4 层楼的高度。最新研究结果表明，腕龙的体重有 20~30 吨

---

① 根据米歇尔逊提供的材料，有关八毛蚯蚓亚科的证据能直接证明新西兰和马达加斯加、印度、中印半岛北部曾是相连的。有趣的是，它飞越了巨大的澳洲陆块。巨蚯蚓亚科的许多属间的联系最为特殊，与其有关的证据能证明澳洲、新西兰北部或整个新西兰与锡兰、南印度曾是相连的，有时还与印度北部和中印半岛（有时还与北美洲西岸，真的是不可思议）相连接。澳洲与非洲之间的蚯蚓没有任何联系，这是符合我们的假说的。它说明了这两个大陆未曾直接相连，仅各自通过印度与南极洲相连接。

澳大利亚埃斯佩兰斯附近的大角国家公园幸运湾里的一只袋鼠

两只抱着尤加利树休息的考拉（水彩手绘图）

不同。这些动物与南美洲上的动物有亲缘关系。例如，现在的有袋类动物不仅分布在澳洲、马鲁古群岛和太平洋诸岛，还分布于南美洲（其中，一种负鼠还可见于北美洲）。它们的化石在北美洲和欧洲都能发现，但不能在亚洲找到，甚至澳洲与南美洲的有袋类寄生动物也是相同的。E. 北勒斯劳（E. Bresslau）曾着重指出，扁虫类动物大约有175种，其中3/4的物种在两地都可以见到。北勒斯劳说："对于吸虫和绦虫的地理分布（这种分布确实与它们宿主的地理分布相吻合），迄今为止人们研究得还很少。绦虫纲的*Linstowia*属仅见于南美洲负鼠科的某种动物及澳洲的有袋类与针鼹体内，这在动物地理

分布上是极为有趣的事实。"关于澳洲与南美洲动物的亲缘关系，华莱士写道："值得特别注意的是，单就喜热的爬虫类动物来看，很难显示出两地的动物间有什么密切的亲缘关系，但就耐寒的两栖类动物及淡水鱼来看，这种关系的例证有很多。"

如果仔细观察其他所有动物，我们会发现它们也显示出了相同的特点。因此，华莱士认为澳洲与南美洲的连接处如下："如果这两个地方确实存在过连接，也应当在靠近寒带的南部。"蚯蚓没有利用这个陆桥。这样想来，该陆桥恰好是南极大陆（位于最短的路线上），那么少数人提出的南太平洋陆桥（在墨卡托绘制的地图上，这似乎是最便捷的路线）被大多数人反对，也就不奇怪了。因此，澳洲的第二个动物区系产生于澳洲与南极洲、南美洲相连接的时期，也就是侏罗纪早期（其时澳洲已与印度分离）与第三纪始新世（其时澳洲已与南极大陆分离）之间。现在澳洲在地理位置上的接近，使得这些动物逐渐侵入巽他群岛，从而使得华莱士不得不把哺乳动物的界线设在巴厘岛与龙目岛之间，并通过马卡萨海峡。①

澳洲的第三个动物区系是最新的。这些动物的栖息地从巽他群岛移到

---

① 几乎只有布尔克哈特一人主张在泥盆纪与始新世之间存在过南太平洋陆桥，但正如西姆罗次（Simroth）所说，布尔克哈特的见解不是由生物学而来的，而是根据地质学得到的（见西姆罗次：《南半球大陆的早期连接问题》，载于1901年德国《地理杂志》第7卷，第665~887页）。原来，在南非的西海岸，曾有人在南纬32°~39°区域发现过粗斑砾岩，前人认为是火山性物质，但布尔克哈特认为是固结的海滨砾石。由于这些砾石在东边被砂土替代，因此，布尔克哈特推断这二者之间的地区必为海岸线，即为大河的河口地段，那时水陆的分布和现在的情形恰恰相反。但西姆罗次（见上述论文）、安德雷（见其《海陆永存问题》一文，载于1917年《彼得曼文摘》第63期348页）、迪纳尔和索格尔等人都不同意布尔克哈特的陆桥说。阿尔特脱虽然同意他的主张，但也承认他的论证不充分（见其《对海陆永存论的探讨》，载于1918年《地理消息》第19期，第2~12页）。因此，布尔克哈特的推断若要成立，就必须有另外的解释。

了新几内亚岛和澳洲的东北部。澳洲的野犬、啮齿类动物、蝙蝠等是第四纪以后进入澳洲的。蚯蚓的新属环毛蚓（*Pheretima*）生命力极强，已经从巽他群岛和马来半岛来到中国、日本等东亚沿海地区，替代了旧种，并占据了整个新几内亚岛，在澳洲的北部也获得了稳固的落脚点。总之，新近地质时代以来，动植物区系方面的交换变得急速而频繁。

这三个澳洲动物区系的划分与大陆漂移学说的观点是一致的。只要我们查看一下第一章中的几幅复原图，就可以很容易地找到答案。即使从纯生物学的角度来看，大陆漂移学说也明显优于陆桥说。如今的经度80°处是南美洲到澳洲之间的最短距离（从火地岛到塔斯马尼亚岛的距离）几乎与德国到日本的距离相等。阿根廷中部到澳洲中部的距离和阿根廷中部到阿拉斯加的距离相同，实际上等于南非到北极的距离。难道真有人相信仅靠一个陆桥就能完成物种间的交换吗？澳洲和相邻的巽他群岛间没有什么物种交换，就像不处于同一世界一样，这难道不是怪事吗？根据大陆漂移学说，当时澳洲与南美洲的距离非常近，却与巽他群岛隔着广阔的海洋，这就为研究澳洲动物区系提供了一把钥匙。对此，任何人都不会予以否认。

专家评述与研究进展

本章通过使用古生物与近代生物的证据来论证大陆曾经漂移过。

两个大陆上的古生物相似，可以有两种解释，一种认为两个大陆之间有交流，这就是陆桥说；另一种认为两个大陆本来在一起，这就是大陆漂移学说。不同的范式产生不同的假说。

大陆之间历史上相连接的古生物学和近代生物学的证据极多，以往用连接大陆的陆桥加以解释，然而有些现象用陆桥说难以解释。比如澳大利亚与印度之间的连接在侏罗纪初期就消失了，而印度同马达加斯加之间的连接第三纪时消失了。根据大陆漂移学说，澳大利亚与印度原来同属于冈瓦纳古陆，三叠纪时冈瓦纳古陆开始分裂，侏罗纪时印度与澳大利亚分开，逐渐向北漂移，这就造成了澳-印之间的连接消失。之后，第三纪初期德干溢流玄武岩喷发，印度板块加速北上，很快就越过马达加斯加而继续向北漂移，因此印度与马达加斯加之间的连接在第三纪时消失了。

本章列举了大量的事实来证明大西洋两岸的古生物群具有亲缘关系，比如巴西和南非石炭—二叠系的地层中均含一种生活在淡水或微咸水中的爬行类动物——中龙的化石，迄今为止世界上其他地区都未曾发现。又如主要生长于寒冷气候条件下的舌羊齿植物化石广泛分布于非洲、南美、印度、澳大利亚、南极洲等诸大陆的石炭—二叠系地层中。这些大陆所在的气候带却不相同。

大陆漂移过程中，随着距离的变化，生物分布出现了一些奇特的现象，对此陆桥说难以解释，而大陆漂移学说可以将其解释为：生物的相似性随着陆地之间存在距离而产生变化。

东太平洋纳斯卡板块西南边缘的胡安·费尔南德斯群岛离智利不远，两地的植物却没有亲缘关系，智利国土上生长的植物却和火地岛、南极洲及新西兰土地上的植物之间存在亲缘关系。这是由于智利所在的南美洲原来与南极洲、新西兰靠近，后来向西漂移，才接近胡安·费尔南德斯群岛。

澳洲动物界三个不同的区系也与大陆漂移过程中不同的位置、不同的邻居有关。最古老的动物产生于澳洲大陆与印度、南非相连接的时期，有袋类动物产生于澳洲大陆与南美洲、南极洲相连接的时期，而最新的野犬、啮齿类动物、蝙蝠是最近从巽他群岛转移过来的。

本章的论述表明大陆漂移学说可以更好地解释所有的生物分布现象和问题。

虽然本章对古气候问题不做详细的论述，但做简单的说明还是很有必要的。因为只有这样，我们才能对大陆漂移学说的确切依据有所了解。

　　目前，古气候学的研究发展极为缓慢，原因并不是资料匮乏。相反，过去的气候资料非常丰富。只是其中有不少资料迄今为止还没有得到确切的解释，更令人遗憾的是，很多人做了并不正确的解释。其实，所谓的古气候"证据"几乎全都是动物和植物化石。

　　在最热月10℃等温线与乔木生长的界线大致相同。超过这个界线的地域上，生长着无树干的苔原（Tundra）植物和温带的森林植物化石有着显

远古花卉的化石

著的区别。而温带的森林植物因其树干具有年轮和热带雨林影响，使它和亚热带常绿硬叶植物（这种植物在现在的气候条件下仅分布于较小的地域）有所区别。如今，棕榈仅见于最冷月份平均气温超过6℃的地方。我们有理由相信，过去棕榈也生长于同样温度界限的地域。同样，现在的珊瑚仅在温度超过20℃的海洋中生存；爬虫类动物体内没有调节体温的机制，因而不能在极地气候中生存；蚯蚓不能在冻结的土地中生存，爬虫类动物也不可能在极地气候中生存。但自身能利用水温进行调节的两栖类动物，以及自身能产生体温的哺乳类动物等就能在极地气候中生存，尤其是淡水鱼类。判断在什么气候下有动植物或动植物化石的例子有很多，不可能在这里全部列举出来。所有这些例证如果我们孤立地看，所得结果都不会很准确。因为无论是动物还是植物，都具有适应生存环境的能力。这就像依据许多不确切的估计计算流星群的轨道一样。如果只依据个别的资料，所得结果可能差距很远，有时可能还会得出与事实完全相反的结论，但如果把所有资料综合在一起，用误差补偿律来处理，就可能会得到相当可靠的结果。

澳大利亚岗得瓦纳雨林。澳大利亚岗得瓦纳雨林坐落在昆士兰州东南部，涵盖大片暖温带雨林和几乎全部的南极山毛榉寒温带雨林

此外，还有气候方面的非生物证据。非生物对气候没有适应能力，所以是更为有力、优越的证据。漂砾土、有擦痕的碎岩及被磨光的岩石表面，特别是当它们以同样的情形大面积出现时，标志着大陆冰川与极地气候的作用。煤和古泥炭可以在不同的温度下形成，只要当地的降水量超过蒸发量。反之，盐渍层只能在极其干燥的气候条件下（即蒸发比较旺盛的地区）形成。另外，厚实且无化石的砂岩是在沙漠气候条件下形成的，红色砂岩形成于热带沙漠气候条件下，黄色砂岩形成于温带沙漠气候条件下（请比较热带的砖红壤、亚热带的红壤、温带的黄壤）。

有大量事实可以看作气候的化石证据，这恰恰说明了过去地球上的大部分地区与现在的气候大为不同。下面列举一个特别显著的例子。

现今斯匹次卑尔根岛处的气候属于严寒的极地气候，整个岛屿被大陆冰川所覆盖，但在第三纪时这里曾生长着比现在的中欧种类还要多样的植物。既有扮松、水松，又有菩提树、山毛榉、白杨、榆树、栎、枫、常春藤、野枣、榛树、山楂树、蔓越橘、桦木，以及其他更喜温的睡莲、胡桃、沼泽扁柏（*Taxodium*）、红杉、法国梧桐、银杏、木兰、葡萄等。如此看来，当时的斯匹次卑尔根岛的气候与现今的法国一样，年平均温度比现在要高20℃。假如我们追溯到更遥远的历史时期，可以找到斯匹次卑尔根岛的气候比法国更温暖的标志。在侏罗纪和白垩纪早期，此处曾生长着西谷椰子树[①]（如今只生长于热带）、银杏树（如今只生长于中国和日本）及树蕨类等其他植物。最后，在下石炭时期，岛上长着与欧洲石炭纪晚期大煤系一样的植物，如芦木、鳞木、蕨类植物等，这些植物被有关学者判定为热带植物。因此，当时的斯匹次卑尔根岛的年平均气温比现在要

---

① 西谷椰子树：是一种能产"大米"的椰子树，被当地人称为"米树"，主要分布于马来半岛、印尼诸岛和巴布亚新几内亚等地。西谷椰子树属棕榈科植物，它的树干挺直，叶子很长，有3~6米，终年常绿。——译者注

秋天的银杏树。银杏树出现在几亿年前，是第四纪冰川运动后遗留下来的裸子植物中最古老的植物，现存活在世的银杏树稀少而分散，上百岁的老树已不多见，和它同纲的其他所有植物皆已灭绝，所以银杏树又有活化石的美称

银杏树叶

高30℃左右。

　　根据我们的推测，这种从热带气候到极地气候的剧烈变化，是由地极和赤道移动导致整个气候带系统随之变动造成的。位于斯匹次卑尔根岛以南纬度90°的中非，在同一时期同样经历了剧烈的气候变化，这使这种推测变得更加可信。在石炭纪时被大陆冰川覆盖的中非地区，如今位于赤道热带雨林区域内。可在中非以东经度90°的巽他群岛，气候却没有发生变迁。至少从第三纪以来，巽他群岛的气候就与现在一样温暖。这一点可以用现今仍生长在群岛上的许多种古老动植

物来证明，如西谷椰子树和貘①。当时的南美洲位置与今天一样，比如貘化石至今还能在这里看到。在北美、欧洲及亚洲地区（中印半岛除外），我们也可以见到貘的化石，在非洲却完全找不到。

全球变暖环境下，南极冰川融化

探究过去气候变化的理论早已存在，其始终以地极移动假说为理论支撑。此外，还有一种假说，认为整个地壳在其下层的上部滑动着，地轴与大陆间的位置关系一直保持不变。我们无法确定两者间的差别，只好把两者同等对待。因此，以后我们说到地极的移动时，一概将其理解为地球表面地极的位移。至于这种位移究竟是由地壳的移动还是地球内部极的移位引起的，或者两者兼而有之，我们无法探究。赫尔德（Herder）在他的《人类历史哲学的概念》中提到过用地极移动解释古气候变迁，这个理论得到了很多学者的支持，如伊文思（1876）、泰勒（1885）、科尔堡（1886）、俄尔达姆（Oldham 1886）、诺伊梅尔（1887）、那托尔斯特（Nathorst，1888）、汉森

① 貘：哺乳动物，产于南美、中美、马来西亚和苏门答腊；皮厚毛少，像猪但较猪略大，无角，鼻长圆能伸缩，尾巴短；性格胆小温顺，常出没于近水的密林中，擅游泳。

（Hansen，1893）、森帕尔（Semper，1896）、戴维斯（Davis，1896）、雷毕希（1901）、克莱希格威尔（1902）、戈尔费尔（Golfier，1903）、西姆罗次（1907）、沃德（1908）、横山（1911）、达斯克（1915）等。此外，近来艾克哈德特（Eckhardt）在许多著作中（最近的一次在1921年）、凯塞尔在其《普通地质学教程》（1918年）中以及科斯马特等人在其著作中都有发表意见。地极移动假说常常不断遭到地质学专家这一小圈子的极力反对。在诺伊梅尔和那托尔斯特的著作发表以前，大多数地质学家完全否定地极移动假说，直到他们的著作发表以后，情况才有所改观，相信地极移动假说的人逐渐多了起来。至今，大多数地质学家对凯塞尔在其《普通地质学教程》中提出的观点表示赞同，承认在第三纪地球确曾发生过大规模的地极移动。虽然个别人继续反对这种观点，但地极移动假说已经被认为是定论，不可改变了。

虽然有确切证据证明在某些历史时期确曾发生过地极移动，但在今天看来，过去想要连续地确定整个地质过程中地极位置的尝试常常是自相矛盾的，而这个矛盾有时也令人费解，难怪会有人对地极移动假说提出质疑，认为其是一派胡言。科尔堡、西姆罗次、雷毕希以及雅可比提等人曾试图系统研究地极的位置。但遗憾的是，雷毕希把地极位置的移动看作在较小轨道范围内的摆动。这虽然与白垩纪以后是相适应的，但依据物理学上的陀螺自旋定律，恐怕是错误的，是没有足够依据的，并且与观察到的许多事实相矛盾。西姆罗次搜集了大量的生物学实证资料，其中不少资料可以作为地极移动的有力证据，但不能证实他认为的地极规律性的反复摆动。关于这一点，还是用纯粹的归纳法来处理比较妥当，即单纯地以气候学方面的化石证据来判定地极的位置，摒弃一切先入为主的想法。克莱希格威尔在其详尽而明确的著作中就用过此种方法，但他陷入对山脉排列不成熟的教条中。总而言之，对于较新的地质时代，以上所有探讨都得出了几乎完全相同的结论：北极的位置第三纪初期时在阿留申群岛附近，之后逐渐向格陵兰岛方向移动，到第四纪时移至格陵兰岛。关于上述内容中的时代，学者们之间没有太大的分歧，但对于白垩纪以前的时代，情况则完全不同——各个学者的意见大相径庭，而且他们没有采纳大陆漂移的思想，使得他们陷入无可救药的矛盾之中，从而遇到了探究地极位置时的以下困难。

南半球二叠纪-石炭纪的冰碛层是他们遇到的最大困难。人们在整个南大陆区域内都发现了冰川的痕迹，有些地方的冰川痕迹极其明显，甚至可以依据岩石表面的摩擦痕迹判断出冰块移动的方向。其中，人们最早发现的是南洲非的二叠纪-石炭纪冰川痕迹，对其研究得也最为详细。此后，人们在巴西、阿根廷、马尔维纳斯群岛、多哥兰①、刚果、印度以及澳洲的东部、中部和西部也发现了冰川痕迹。如果我们把南极设置在这些冰川痕迹最适中的位置处（南纬50°、东经45°处），那么巴西、印度、澳洲东部冰川地区将会在离赤道纬度不足10°的地方。换言之，按照这种思路，当时整个南半球全部会被冰川覆盖，所以当时南半球属于极地气候。然而，人们在北半球二叠纪-石炭纪的沉积中找不到任何确切的冰川痕迹，反而发现了热带植物的遗迹。这种结果不得不说是十分荒谬的。这一点已被很多学者指责过，其中E. 科根（E. Kcken）表达得最为清楚。他认为这些冰川痕迹除了假设为海拔显著的高山冰川之外，没有其他用途了。但从气候学的角度看，这似乎是不可能的事。正如F. V. 克纳尔（F. V. Kerner）的观点——因寒流或其他类似现象而引起热量分布的局部反常——在气候学者看来也不可能一样。正如A. 彭克所言，用地壳移动的观

①　多哥兰位于非洲西部，东连达荷美（贝宁），北界上沃尔特（布基纳法索），西至沃尔特河下游东岸，与英属黄金海岸相对，南方是几内亚湾。多哥兰土地干燥，产柚木、橡皮、椰子等，主要用于出口。——译者注

阿根廷莫雷诺冰川。其位于南纬 52° 附近，在阿根廷圣克鲁斯省境内仍在向前推进。莫雷诺冰川有 20 层楼之高，绵延 30 千米，有 20 万年历史，是世界上少数活冰川之一

点来解释这些事实未必是不合适的。还有一种假说认为地极移动或地壳随之移动时冰川痕迹依次形成，但是这种假说因为在其对跖点处看不到有关现象而被否定了。假如南极从现在的巴西经过非洲移向澳洲（移动的速度非常快，甚至快到让人不敢相信），北极就必然要从中国移至中美洲以东，并在那里留下冰川痕迹。可是这与依据其他证据确定的二叠纪-石炭纪时的赤道位置和当时干燥地带的位置完全矛盾。我们掌握的这些时期的气候证据越详细、全面，事情就越明显。按照现今的大陆位置，无论把地极和气候带怎样安置，都不可能和当时的气候完全吻合。所以，这些显然自相矛盾的观察资料使得古代气候学的发展停滞不前，也并非不恰当的言论。以上连续追溯地球历史上地极位置变动这件事，必然会在这一点上"碰壁"。

二叠纪-石炭纪的冰碛层问题，现在可以借助大陆漂

近观冰川

移学说得到合理的解释。按照大陆漂移学说，那些带有冰川痕迹的地壳部分过去以南非为中心聚合在一起。因此，过去南半球被冰川覆盖的整个地区未必大于北半球第四纪冰川所覆盖的地区。我们应用大陆漂移学说不仅把问题简单化了，而且首次提出了一种可能的解释。

上述事实对大陆漂移学说的正确性具有重大的意义，下面我们将选择对二叠纪时期的其他气候证据的最有力者进行探讨，看一看它们在大陆漂移学说的基础上是否与气候带的确定方位相适应。

首先，让我们假设无论在哪个时期，这种大为缩小了的冰冠都没有在这么大的范围内出现过，而是由于南极的移动在不同的地区陆续出现的。如此一来，各个冰期所处的年代将不会十分准确，比如说可以从地质学角度判断时间较小的差异。不过在地质学上，这种时间上的变动已经有了假设。L. 瓦根（L. Waagen）曾指出，在非洲和印度，含有舌蕨类植物的地层位于漂砾土之上，在澳洲则位于其下。他说："印度和南非被冰川覆盖的时期较早，澳洲则相对较晚，这是极其确定的事。因此，印度和非洲的冰期是在石炭纪，澳洲的冰期则是在二叠纪。"根据H. 格尔兹（H. Gerth）的研究，我们可知道：在阿根廷，含有舌蕨和圆舌蕨类（*Gangamopteris*）植物的砂岩在冰碛层之上。由此看来，在巴西、多哥兰、刚果处看到的最西端冰川痕迹形成于石炭纪早期的推测似乎是正确的。另外，在南非的泥盆纪早期地层中也发现了冰川现象。综合来看，南极的移动情况大概是：从泥盆纪早期到石炭纪早期，从开普省附近移动到罗安达；到了石炭纪晚期，以相反的方向移回南非，之后到达印度南端；在二叠纪，移动到了澳洲。北极与南极相对，但它移动的路线全部在太平洋范围内，所以没有留下任何冰川痕迹。现在，我们再来研究其他气候证据是如何与这个路线相对应的，其中最重要的证据在二叠纪-石炭纪的气候证据图中有标示。

现在让我们先研究一下舌蕨类植物的分布情况。关于这种植物所代表的气候特征，人们有各种不同的说法：有人认为是温带植物，也有人认为是极地的苔原植物。无论是哪一种，人们一般认为它比生长在石炭纪时期的热带植物更能适应寒冷的环境。在我看来，若进一步认为它是苔原植物，并且能在树木线以外的地方生长，应该也不错[①]。当然，当时的乔

[①] 在格陵兰岛至今还有某种蕨类植物生长在大陆冰川的边缘地区，但如今南半球的蕨类植物的界线是在南纬30°~50°之间。"蕨树生长的最南边是塔斯马尼亚和新西兰的南岛和北岛的奥克兰。在巴西南部，施氏蚌壳蕨（Dicksonia Sellowiana）和桫椤树（Alsophila Procera）扩展到圣保罗，在阿根廷北部则扩展到了密西俄奈斯（Misiones）；在好望角殖民地处的半体桫椤（Hemitelia Capensis）为树蕨向南发展的最终者"。参考罗伯特·波托尼（Robert Potonie）《古植物学透视古气候学》一文，刊于1921年6月26日《自然科学周刊》第383页。

木界线所代表的温度不一定与现今相同，现今的乔木界线和最热月份10℃等温线相符合，乍一看其相符的程度不免令人吃惊。这是不难理解的，因为乔木高耸于空中，生长于气象学上测量的气温中；苔原植物则不然，它们贴近地面，能利用较高的土壤温度以及每天被阳光照射着的地表空气温度，因此，虽然年平均温度为10℃，但苔原植物却有着比乔木长的生长期，且能在高纬度地区生长，直到极地附近。石炭纪的树木线一定也有同样的作用，即使当时有不同的种类和可能也有别的温度界限。

可以看到，当时的极地植物区系出现在了现今南半球各大陆的地层中，通常有一部分在冰碛层之下，有一部分在冰碛层之上。这种情形与欧洲冰期的间冰层情形相同。之后，这个植物群延伸到了冰川界线以外的地

西伯利亚秋天山谷中的苔原植物。苔原也叫冻原，是生长在寒冷的永久冻土上的生物群落，是一种极端环境下的生物群落

土壤剖面中的煤页岩层

方，在克什米尔、喜马拉雅山脉东部、中印半岛及婆罗洲也有发现。

据我所知，那时相当于柯本雪林气候，在此条件下具有年轮的树木只存在于两个地方：一处是澳洲的新南威尔士，另一处是哈勒（Halle）发现的马尔维纳斯群岛。

最后，当时的南极地区也有过煤层，这一点与舌蕨类植物有着密切关系，其主要直接位于二叠纪–石炭纪的冰碛层之上。这种煤层主要分布在阿根廷（石炭纪早期）、南非、德干高原和澳洲。对于这种煤层，我们认为是当时的亚寒带泥炭沼泽的产物，相当于欧洲（以及火地岛）第四纪及第四纪后期的泥炭沼泽。

如果与北美、欧洲、亚洲（中国）产量丰富的大煤田带相比，这种煤层就显得有些微不足道了。根据H. 波托尼（H. Potonie）的研究，在北半球大煤田中保留下来的植物应该是热带植物。这些植物生长快、叶面大、没有年轮、与如今的热带植物有亲缘关系、多属于树蕨与藤本植物与很多藤本植物，以及有茎上开花的现象（如芦木属、某种鳞木、封印木和现在的热带植物一样在茎干上开花）等。

以前，罗曼（Ramann）、弗勒希等人认为泥炭的形成与低温有关，热带地区因分解作用强，所以无法形成泥炭。在赤道多雨带中，新成泥炭还没有被发现的时候，有这种想法是可以理解的，但自从人们在苏门答腊东部的甘巴河（Kampar River）北岸发现了大泥炭沼泽后，这种说法显然就是错误的了。该沼泽被水覆盖，隔绝了空气的氧化，阻碍其发生分解，从而产生了泥炭。此后，人们又在斯里兰卡和赤道附近的非洲地区发现了泥炭沼泽。因此，对争论得非常激烈的煤田的热带性质可以有确切的说法了。

如二叠纪–石炭纪时的气候证据图所示，大煤田地带恰好位于以当时的冰川中心为圆心，圆心角约为90°的圆周上。如果不按照大陆漂移学说，这个问题就不可能得到圆满解决。对于这一点，比较一下以下两幅图就清楚了。就像第三纪早期时一样，石炭纪时期的赤道上也分布着褶皱带（即克

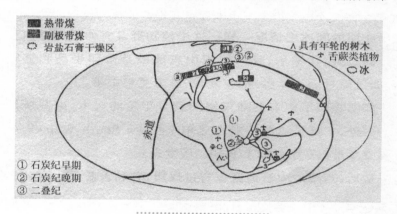

二叠纪–石炭纪时的证据

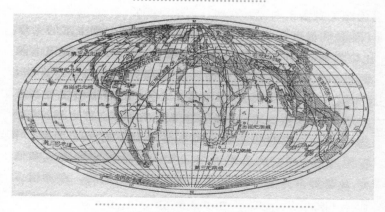

石炭纪褶皱和赤道位置（克莱希格威尔）

莱希格威尔所说的"煤环")。这个褶皱带为沼泽的形成提供了特别优越的条件，因而形成了大煤田。但应该注意的是，克莱希格威尔所指的褶皱带在北美和澳洲都距离"煤赤道"很远，而且赤道与褶皱带也不相交于南美洲，不存在这个赤道山系，赤道位置和气候证据也不相符。如果把石炭纪褶皱和赤道位置图与根据大陆漂移学说所绘制的二叠纪–石炭纪时的气候证据图相比较，我们可以明显地看出，赤道雨林带只有在后图上才表现得一览无余。

这个大煤田形成的年代顺序和依据冰碛层推测的南极位置相协调。人们在斯匹次卑尔根岛上也发现过石炭纪的热带煤田，按照安德逊（Andersson）的说法，这个时期的煤储量会占到该岛总煤储量的2/3以上。不过，这种煤田是属于石炭纪早期的，它与多哥兰、刚果、巴西等地的冰川痕迹（其亦形成于石炭纪早期）大约相隔90°，此处的植物化石和格陵兰岛东北北纬81°处及梅尔维尔岛（Melville Island）[1]上的植物化石一样，都是热带植物化石。以上所述是对石炭纪早期赤道多雨带问题的讨论。另外，主要大煤田带都形成得比较晚。中国大煤田的形成年代，一部分为石炭纪早期（山东省及四川省南部地区），一部分为石炭纪晚期（祁连山北坡），一部分为二叠纪（山西省、河北省及东北三省），还有一部分是在三叠纪（湖南省内）。欧洲石炭纪早期的煤层向南延伸至苏格兰、开姆尼茨（Chemnitz）和莫斯科，石炭纪中期的煤层延伸到了布列塔尼和上西里西亚，而石炭纪晚期的煤层延伸到了奥弗涅、巴登（Baden）、布伦纳（Brenner）、卢布尔雅那。在法国、德国图林根州[2]、萨克森和波希

---

① 梅尔维尔岛：是北冰洋上帕里群岛中面积最大的岛，长约320千米，面积约4.2万平方千米，海岸线十分曲折；岛上无居民，适宜放牧麝牛，有天然气田。——译者注

② 图林根州：是德国的一个联邦州，面积16200平方千米，首府为埃尔福特。图林根州绿色植被覆盖良好，加之位于德国中部，被称作"德国的绿色心脏"。——译者注

米亚，甚至在二叠纪早期地层中也有煤层。总之，欧洲的煤层主要产生于石炭纪晚期，人们可以看到成煤年代由北向南的变化。同样，在美洲我们也可以看到成煤年代从北向南变动（从新不伦瑞克到弗吉尼亚产生于石炭纪早期，从俄亥俄州到亚拉巴马州产生于石炭纪晚期）。但到了二叠纪中期，欧洲的煤田带有了干燥地带的特征，因此我们看到了从斯匹次卑尔根岛（石炭纪早期）向中欧（石炭纪晚期和二叠纪早期）煤层生成带的移动，但在二叠纪晚期地层中找不到任何煤层。

张家界奇特的地貌。张家界地貌，是在流水侵蚀、重力崩塌、风化等作用力的作用下形成的，以棱角平直的高大石柱林为主

　　根据煤的分布可以推断出赤道多雨带的位移，正好又被北半球干旱地区的相同位移所证实，而干燥地带的位置变化可由岩盐和石膏的沉积层来表明[1]。一方

———————————

① 岩盐层的堆积对古代气候学有很大的研究价值，这方面的资料由波希曼提供，见其所著的《岩盐》一书第2卷，于1906年在莱比锡出版。但遗憾的是，他对地质时代的研究不是很完全。

面是二叠纪晚期地层中没有煤层，另一方面则是石炭纪早期地层中没有岩盐。最早发现岩盐和石膏的地方是在煤田带以北的东乌拉尔的石炭纪晚期地层内。虽然在纽芬兰也有发现，但所发现的岩盐和石膏位于煤层之上，而沉积发生在煤层以下。根据森帕尔的研究，斯匹次卑尔根岛在石炭纪晚期时有过干燥气候，干燥气候是紧接着成煤时期出现的。但最大的岩盐和石膏沉积层最初发生在二叠纪晚期，如在俄罗斯东部、德国北部、阿尔卑斯山南部以及美国等地。由此可见，当时岩盐的形成也是跟随成煤地区从北向南推进的，即从斯匹次卑尔根岛（石炭纪早期）移动到阿尔卑斯山南部（二叠纪晚期）。诚然，我们这里所探讨的问题，是发生在北半球干燥区域内的。

　　以上只是对这段时期气候学中的重要证据加以阐述，应用大陆漂移学说进行解释赋予了这些证据很强的逻辑一致性。此外，还有许多不重要的气候学证据，在这里就不一一列举了。即使对这些证据予以核实，得到的结果也几乎与上述观点相一致。下面仅以其中的二三例来说明。据汉德勒希的研究，在欧洲的石炭纪早期和石炭纪中期时期，昆虫的羽翼平均长度达51毫米，但在石炭纪晚期和二叠纪时，长度只有17~20毫米。这和石炭纪早期时赤道延伸至最北端、二叠纪时欧洲延伸至北方干燥地带的事实相吻合。而在石炭纪早期，珊瑚礁不仅能在坎塔布连山[①]和卡尔尼克阿尔卑斯山脉（Carnic Alps）[②]上看到，在比利时、英国、爱尔兰处也有发现。石炭纪晚期和石炭纪中期时期的珊瑚礁则见于北美洲（印第安纳州、伊利诺

---

①　坎塔布连山：在西班牙北部，大致呈东西走向，长约480千米；西坡陡峭，东坡和南坡较缓；林木茂盛，多山毛榉。——译者注

②　卡尔尼克阿尔卑斯山脉：是东阿尔卑斯山脉的山岭，走向沿奥地利—意大利边界，北接盖尔（Gail）河及盖尔塔尔阿尔卑斯山脉（Gailtal Alps），东连卡拉万克（Karawanken）山脉。——译者注

希腊克里特岛上褶皱
的石灰岩

伊州及亚拉巴马州对应石炭纪中期，堪萨斯州到得克萨斯州一带对应石炭纪晚期）。

　　另外，在帝汶岛的二叠纪地层中只有极少见的珊瑚化石，并没有形成暖水的珊瑚礁。

　　根据格尔兹的研究，乌拉圭和巴西南部在二叠纪时温度急剧增加，在这里曾出现过中龙科动物（二叠纪时期的爬虫类动物），并在页岩中夹有石灰岩和白云岩层，这些都证明了此处曾有过温水。北美西部二叠纪–石炭纪的"红色岩层"也和我们的图案十分贴合。因为"红色岩层"显然属于北方干燥地带的荒漠区，而非洲的大部分地区从石炭纪时期的温暖湿润气候转变为了二叠纪的南方干燥带，这同帕萨尔其所得的结论相吻合。他为了说明非洲地区现在的地表形态，曾假定在中生代时该地区存在长期的荒漠气候。

　　为了便于对比，我们应该看一下石炭纪以前泥盆纪的气候分布状况。这里要注意的是，因为石炭纪的褶皱山脉依然存在，所以地图是不正确

羚羊峡谷景观。羚羊峡谷是世界上著名的狭缝型峡谷之一，位于美国亚利桑那州北部。这里的地质构造是著名的红砂岩，谷内岩石被山洪冲刷得如梦幻世界

的。前面我已经提到过，泥盆纪早期的冰川痕迹人们曾在南非洲发现过，北方干燥带的痕迹则在北美洲、格陵兰岛、斯匹次卑尔根岛以及北欧的老红色沙漠岩层中被发现（第四章中有所涉及）。而在北美和波罗的海的岩层中含有碳酸岩盐与石膏，这是曾经存在干燥地带的有力证明。因此，泥盆纪早期赤道所处位置与石炭纪晚期时十分相似。德国艾费尔的诺因基兴（Neunkirchen）处的泥盆纪煤田也就将属于赤道多雨带，而在英国、比利时、法国南部、德国西北部、西里西亚和阿尔卑斯山脉等地所看到的泥盆纪珊瑚礁也可以一样看待。此外，非洲的大部分（下努比亚砂岩区）努比亚砂岩区与巴西都处于南方干燥地带。接下来，我们不再做详细的论述，因为我们找到了石炭纪和二叠纪时的地极位

置后，以上所述已经能够充分说明它和泥盆纪时的地极位置有一定的联系。

上述关于二叠纪-石炭纪的所有气候证据，已经能足够证明当时气候带的情形是真实的，有关地极的位置和运动方向的观点是正确的，从而为证明大陆漂移学说的正确性提供了强有力的证据。

我之所以专门论述石炭纪，是因为用石炭纪的一些事实证明大陆漂移最为简单明了。我们越往前追溯地球的历史，就越能发现大陆的位置变化，大陆漂移学说的作用越显著。从另一方面来说，到目前为止，石炭纪是研究大陆漂移学说资料较为丰富最古时期。石炭纪以后，我们从研究地极位置所获得的大陆漂移的指标，却随着时代的发展而重要性不断降低。假如我们能彻底、全面地研究一切例证，就像对待二叠纪-石炭纪一样，那么我们一定能判断出以后各个时期直至第四纪的气候带位置，并且能够发现应用大陆漂移学说解决各个问题时会取得怎样良好的成果。虽然这项工作还没有人做过，但在不久的将来，我希望能和柯本合著一本书，来完

昆士兰内陆的红色沙漠

成这项工作①。对于根据重要气候证据做出的初步研究成果，在本书的第二版中有详细的介绍，而在这里我仅对这项工作所取得的成果在性质方面的一般概念再叙述一下。为了进一步全面研究，我会对下述的数据做一些修正，但不会有重大的出入。如果将非洲作为固定点，则坐标系统中的北极和南极位置见下表。

北极、南极及德国的位置变化

地质年代	北 极		南 极		德 国
	纬度	经度	纬度	经度	纬度
现在	90° N	—	90° S	—	50° N
第四纪	70° N	10° W	70° S	170° E	69° N
上新世	90° N	—	90° S	—	54° N
中新世	67° N	172° W	67° S	8° E	37° N
渐新世	58° N	180° W	58° S	0°	29° N
始新世	45° N	180° W	45° S	0°	15° N
古新世	50° N	180° W	50° S	0°	20° N
白垩纪	48° N	140° W	48° S	40° E	19° N
侏罗纪	69° N	170° W	69° S	10° E	36° N
三叠纪与二叠纪的平均位置	50° N	130° W	50° S	50° E	26° N
石炭纪	25° N	155° W	25° S	25° E	3° S
泥盆纪	30° N	140° W	30° S	30° E	15° N

---

① 这项工作已完成了，即柯本与魏格纳合著的《古代地质时期的气候》，柏林Borntraeger书局出版。

上页表中的最后一栏表示如今的德国（50°N）在地质时期纬度变动情况，也可参照右图。

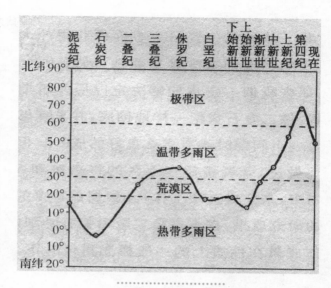

德国的纬度变动情况

最后，我们简单地叙述一下北美和北欧的第四纪冰川对大陆漂移学说正确性的一些佐证。如大冰川时期大陆块的复原图所示，按照大陆漂移学说的观点，在第四纪初期，这两个大陆是互相拼合的，它们的分离可能是在最大冰川或更早一些时候发生的。但无论如何，在最大冰川时期两大陆间的距离不会很大。在冰川末期，两大陆的分离已经相当明显了。这个结论是从挪威西海岸向西倾斜中得到的。我们可以看到欧洲和北美洲最外侧的终端冰碛恰好接合，这在上文已有论述。最让人感兴趣的是，依据大陆漂移学说，

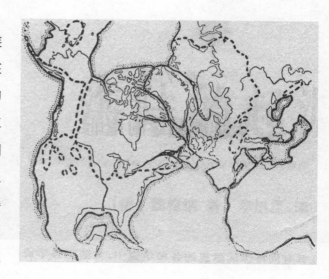

大冰川时期的大陆块的复原图

整个冰川的面积会大范围缩小。关于冰川期的形成原因，我认为可以暂时不做讨论，但不得不承认大陆漂移学说把这个问题简单化了，而不是让其变得更加复杂。现在谈一谈另一个有趣的现象，即第四纪冰川现象。据彭克的研究，第四纪时塔斯马尼亚的雪线比新西兰的雪线低500~600米，如今两地几乎处于同一纬度，这真的很令人费解。可是如果用大陆漂移学说来解释，这个问题就迎刃而解了——当时的塔斯马尼亚岛位于新西兰以南很远的地方。

新西兰福克斯冰川

专家评述与研究进展

　　本章用古气候的生物证据（植物和动物）与非生物证据（冰川、煤、盐、砂岩）来说明用大陆漂移来解释气候变化的必要性。

　　气候带主要是由地理纬度控制的，如果没有大陆漂移，应该沿纬度成带状分布。大陆漂移很好地阐述了二叠纪–石炭纪时代的古气候，把几个有冰川遗迹的大陆（印度、非洲、澳洲东部）拼在一起——有冰川分布的地方就在南极附近，而有热带沉积物分布的北美和欧亚当时在赤道周围。北半球石炭纪大煤田中保留下来的植物应该热带植物多，恰好位于距离当时冰川中心90°的大圆圈上。

　　纬度变化后来得到古地磁研究的证明。20世纪40年代出现精密地磁仪，20世纪60年代通过天然剩磁得以重建古地磁场，视极移曲线反映了大陆在不同地质年代的位置发生了变动。这些研究证实了古气候显示的古纬度的变化。

　　气候带除了主要受纬度（决定热量）和海陆位置（影响降水量）的控制，还受洋流、地形、气团、气压带的影响。即使是今天，同一纬度也可以有不同的气候。另外，由于地层等地质年代确定方法的误差，很难保证对比的气候是同一年代的。而地质历史上冰期与间冰期交替，古气候的变化复杂、迅速。

古气候分布除了用大陆漂移引起古纬度的变化来解释外，还可以用地极的运动引起气候带的移动来解释，根据国际纬度服务（ILS）提供的资料，长期极移的量是微小的，平均速度为0.003秒/年。

近年来，古气候、古生物、古地磁等研究也发现，地球自转极、地磁极及各个大陆在漫长的地质年代里有过大规模移动。这些研究虽然比较粗略，却表明在漫长的地质年代中长期极移是可能存在的。

如果能够通过古地磁等资料进行古板块恢复，再依据当时全球气候（是否处于冰期），以及当时的古地极、古纬度、海陆分布及地形分布等进行古气候的讨论，则更具准确性。

第七章
大地测量学的论证

在具有深远意义的各种学说中，大陆漂移学说有一个突出的优点：它可以被准确的天文测量研究和证实。如果大陆漂移确实是永不停歇地进行着的，那么即使在今天，大陆漂移也应该仍在持续，这一点没什么好疑惑的。接下来的问题是：大陆漂移的速度是否快到能在不长的时间内为天文测量所察觉？要想回答这个问题，我们需要先探究地质时期的绝对时间长度问题。就像我们所知道的，我们对地质时期的绝对时间长度虽然不是很确定，但是还不至于无法回答这个问题。

从最后一次冰期到现在到底经过了多少年？彭克从对阿尔卑斯山的研究中所得的结果是5万年；斯泰恩曼（Steinmann）也做了推算，他的结论是最少2万年，最多5万年；海姆根据最近瑞士方面的研究及美国冰川地质研究估计的结果是仅为1万年左右；米兰柯维奇（Milankovitch）用数学的方法计算，所得结果是最近一次冰期的最冷时期约在2.5万年以前，其间有间冰期（瑞士地质学者认为有此时期）大约发生在1万年以前；吉尔通过计数土壤层次，得到如下结论：冰川退缩的冰缘差不多在1.2万年前经过休纳恩（Schonen），在1.4万年前还位于梅克伦堡（Meklenburg）[1]。上述数

---

① 梅克伦堡：位于德国东北部，今属梅克伦堡-前波默恩州，公元初由日耳曼人居住，7世纪时斯拉夫人的奥波德里特人（文德人）移居此地。——译者注

加拿大班夫国家公园梦莲湖春天时湛蓝的湖水。梦莲湖是一个冰碛湖，其西侧就是著名的十峰谷（Valley of the Ten Peaks）。雪山与碧水相映，风景绝佳，加拿大特意把此景印在了20加元的背面

冰岛南部瓦特纳冰原冰川内的一个冰洞入口

字的差别并不大，满足我们的使用要求。

　　对于那些较古老的地质时期，地质学也有各种测定方法，如通过沉积层的厚度来确定其距今年龄。比如，第三纪的年龄被推算为100万~1000万年。不管怎么说，最可靠的是用物理学的方法，由放射性物质的衰变产生的氦含量来估计岩石年龄。用这种方法计算出来的岩石年龄基本上与上述推算相同。一般测定的对象是锆硅石晶体，其中氦含量由铀的分裂所产生。斯特洛特用这种方法计算出的渐新世的年龄是840万年，始新世为3100万年，石炭纪为15000万年，古生代为71000万年。科尼斯贝格做了进

经过粗加工的蓝色锆石结晶

一步的研究，他重新计算了斯特洛特得出的数值，对其进行了校正，而且通过对地层的观察确定了其他地质年代的年龄。现在我们根据科尼斯贝格以及前人的一些研究，可以得到以下各地质年代的年龄。

自古生代早期迄今	50000 万年
自中生代早期迄今	5000 万年
自第三纪（下始新世）早期迄今	1500 万年
自始新世早期迄今	1000 万年
自渐新世早期迄今	800 万年
自中新世早期迄今	600 万年
自上新世早期迄今	200 万~400 万年
自第四纪早期迄今	100 万年
自第四纪晚期迄今	1 万~5 万年

有了上述这些数值，又知道了大陆移动的路径，那么我们就不难得出大陆的年均移动距离。唯一的难点是我们无法确定大陆分离的准确时间，只能进行大致估计，所以这一方面的数值不是很可靠，只能等到将来进一步修订。下面先列出我计算出来的数值，请见下表。

大陆的年均移动距离

路径	移动距离 / 千米	分裂以来至今的年数 / 百万年	年均移动距离 / 米
萨宾岛—熊岛	1070	0.05~0.1	11~21
冰岛—挪威	920	0.05~0.1	9~18
费尔韦尔角—苏格兰	1780	0.05~0.1	18~36
费尔韦尔角—拉布拉多	790	0.05~0.1	8~16
纽芬兰—冰岛	2410	2~4	0.6~1.2
圣罗克角—喀麦隆	4880	20	0.2
布宜诺斯艾利斯—开普敦	6220	25	0.2
巴塔哥尼亚—南桑德韦奇群岛	2390	2	1
马达加斯加—非洲	890	0.1	9
印度—南非	5550	15	0.4
塔斯马尼亚—威尔克斯地	2890	8	0.4

从上表中可见，格陵兰岛与欧洲之间的年均移动距离最大，移动的方向是自东向西，因此天文学上两地间只表现为经度的增加，并不表现为纬度的增加。

事实上，格陵兰岛与欧洲间经度差的增加情况已经有人注意到了。科赫在丹麦考察队报告书的第6卷"向西漂移的格陵兰"一章的"关于东北格陵兰的调查"一节中（即该报告的第6卷第240页），曾以16页的篇幅比较过萨宾（Sabine，1823）、卑尔根、科普兰德（Copeland，1870）与科赫

格陵兰的纳
萨尔苏瓦克，
由冰山形成
的海湾

（1907）等人的经度测定结果。据此，他发现经度差是随着时间的推移而逐渐增加的，相当于格陵兰岛东北部与欧洲间的距离是逐渐增加的，具体数值如下：

1823—1870 年——420 米，即每年漂移约 9 米

1870—1907 年——1190 米，即每年漂移约 32 米

需要指出的是，这些经度测定并非精准地定位在同一位置处：萨宾在以其名字命名的萨宾岛上观测的时候，观测地点是在该岛的南岸。但遗憾的是，我们现在只知道大概方位，不过这对测量结果影响不大。如果有人再到那里去做一次实地观测，那么这个问题就可以得到解决。卑尔根与科普兰德的观测地点在同一位置，均在离萨宾岛南部几百米的东方。而科赫的观测地点是在偏北的日耳曼地（Germania Land）的丹麦港。以上两地与萨宾岛可构成一个三角形。根据科赫的研究结果，这种相距较近的观测地点对结果可能造成的误差，与经度测算可能产生的较大误差相比，简直可以忽略不计。不过，这三个地方的观测结果都是通过观测月球取得的，其精确度必然低于用无线电报法测定的经度。依比较每组观测所得的数字计

算出来的平均误差值，我们大致可以看出其精确度。平均误差值为：

1823 年——约 124 米

1870 年——约 124 米

1907 年——约 256 米

如果我们把这些平均误差值与观测所得的经度变化值相比，就会看到平均误差值完全没有经度变化值大。因此，科赫得出了如下结论："由以上的结果来看，丹麦探险队与德国探险队所测定的存在于海斯塔克（Haystack）位置间的1190米之差，即便用上述发生的误差（不论是绝对误差值还是平均误差值）来解释，仍然不足以解释误差值的出现。关于误差的来源，只能是经度的天文测量不够准确。但若要用经度测量的不精确来解释这个误差值，就必须把经度天文测量的实际误差增大到平均误差的四五倍，这是完全说不通的。"博迈斯特（Burmeister）不同意这种说法，他说："假如不限制观测次数，那平均误差只是形成差数的部分原因，而在这里，计算的误差就已经超过观测差数了。"因此，他不认为科赫的解释是正确和充分的。理论上，这样的反对意见很中肯，我们绝不能满足于现在所取得的成果，必须借助无线电报法等新技术的力量，努力获得新的、更精确的测量结果。不过，博迈斯特的批评在我看来是过分了。在比较精确的测定没有做

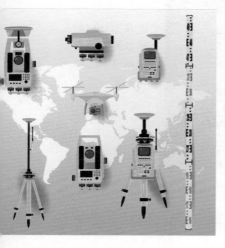

大地测量常用设备示意图，包括经纬仪、测速仪、全站仪、无人机、水平仪等

出之前，目前的数量证据还是应该受到重视的，发现这个坐标变化的先驱非科赫莫属。

如上表所示，我们可以期望在费尔韦尔角处有更大数值的漂移。在冰岛方面，我们可以断定在5~10年的时间里确实有位置的移动。

关于欧洲与北美洲的经度差测定，进展得不算顺利。由上表可知，两大陆之间的距离每年约增加1米。不过，这是纽芬兰脱离爱尔兰以后的平均值，其后北美洲的运动方向似因冰岛的分离而发生了变化。现在，如果读者问它将往何方移动，根据我的推测大概是向南的。这一点仅依照拉布拉多及与其相对应的西南格陵兰海岸的目前相对位置，就很容易弄明白，并为下文所述的旧金山地震断层的移动方向以及加利福尼亚正在皱缩上凸的情形所证实。因此，对于预测今后经度每年将增加多少的问题，我现在虽然不能做明确的答复，但总的来说是在1米以下。我曾经得出过一个结论，即从利用大西洋海底电缆测量两岸经度（1866年、1870年及1890年）的结果来看，大西洋实际上以每年数米的速度在加宽。但加勒（Galle）不同意这种观点，他认为用这种方法测定的数值不能准确地进行组合。在第一次世界大战发生之前，人们已经就这个问题与美国合作进行了新的经度测量，当时大家乐观地认为新的测量结果出来后，可与使用无线电报法进行的测定结果做比较，然后得到更确切的数值。然而到了战争初期，海底电缆被切断，测量工作被迫中断，所以结果恐怕没有预期的那么准确。但总的来看，经度变化数值并不大，甚至很难被察觉。美国剑桥市（Cambridge）与英国格林尼治间的经度差如下。

1872 年——4 时 44 分 31.016 秒

1892 年——4 时 44 分 31.032 秒

1914 年——4 时 44 分 31.039 秒

其实，还有一项1866年时的最早测定值，但我认为那项测定值（4时

格林尼治天文台的墙上悬挂着具有标志性意义的钟。世界著名的格林尼治天文台建于1675年。当时，英国的航海事业发展很快。出于在海上测定经度的需要，英国当局决定在伦敦东南郊距市中心约20千米，泰晤士河畔的皇家格林尼治花园中建立天文台

44分30.89秒）很不精确，所以干脆弃之不用。根据以上所述，虽然随着时代的发展，我们今后很可能会发现更新、更精确的经度测定方法，但是我们也要明白一点：在短时期内，陆块的移动距离可能非常小，因此与现在的观测数值相比不会发生太大的变化。

北美洲的漂移因与格陵兰的漂移相对应，所以如果用相对纬度来测定，可能会得到更确切的结果。另外，我们如果反复观察马达加斯加岛与非洲间的纬度差变化，就可以在不久的时间内测定其变化值。

最后，我还想谈一下欧洲及北美洲天文台在地理纬度上的变化。A. 霍尔（A. Hall）认可的纬度减小值如下：华盛顿在18年间减小了0.47″，巴黎在28年间减小了1.3″，米兰（Milan）在60年间减小了1.51″，罗马在56年间减小了0.17″，那不勒斯（Naples）在51年间减小了1.21″，哥尼斯堡（普鲁士）在23年间减小了0.15″，格林尼治在18年间减小了0.51″。根据科斯丁斯基（Kostinsky）及索科罗夫（Sokolow）的研究，普尔科沃

格林尼治子午线。位于英国格林尼治天文台的一条经线，也叫作本初子午线

（Pulkowa）天文台处的纬度也有逐年减小的情形。但人们自从发现天文台内有室内折光差以后，这些大小相似的一系统误差就被归为这一原因所致的了。同时，相信欧洲、美洲两地的国际纬度观测结果确实证明了纬度在发生变化的人，近来越来越多了。但是，我们必须指出：这种变化目前似表现为纬度在增大，而不是在减小。

专家评述与研究进展

魏格纳认为，大陆漂移学说的特有优点是它可以被准确的天文测量所证实。由于测量技术的限制，100年前想要通过大地测量寻找大陆漂移的证据是非常困难的。然而正是源于魏格纳的提倡，经过地学界几十年的奋斗，地质学被带往可精确测量的现代科学领域。

当大陆漂移学说发展成板块学说之后，卫星测量确实证明了大陆的水平漂移。目前利用GPS水平方向形变监测精度已经达到1~2毫米/年，垂直方向为2~4毫米/年。

在没有卫星测量的时代，魏格纳只能通过大陆分开的距离以及估计的年龄来估算移动速度。然而当时对距离的估计和对年龄的估计都是有偏差的。

当时估计的地质年代的年龄，今天已经对其进行了较大的校正（GSA，2018，v.5.0）：古生代初54100万年，中生代初25100万年，第三纪初（古新世）6600万年，始新世5600万年，渐新世3390万年，中新世2303万年，上新世533万年，第四纪初258万年，第四纪后期（全新世）1.2万年。

魏格纳得出的大陆漂移速度值0.2~36米/年显然是错误的。魏格纳计算的错误是由对年龄的估计以及距离的判断有偏差导致的。比如格陵兰东海岸的萨宾岛和挪威北面北冰洋中的熊岛，计算得出的移动速度为11~21米/年，原因是把两岛目前的距离当成移动的距离，而实际上5万~10万年前两岛就不在一起。

格陵兰岛南端的费尔韦尔角与苏格兰，魏格纳按距离1780千米、时间5万~10万年计算得出速度为18~36米/年，而现在人们认为格陵兰岛东的北大西洋裂开的时间应该是0.65亿~0.8亿年前。如果时间间隔扩大三个量级，速度减小三个量级，就和目前GPS观测的结果差不多（GPS测量表明大西洋中脊每年向两边扩张约2厘米左右）。魏格纳估计的大陆漂移的速度太大也是该学说得不到广泛支持的一个重要原因。

魏格纳企图利用天文台提供的地理纬度的变化来计算大陆漂移，开始时由于当时的技术条件所限，观测精度达不到要求。

板块学说建立后，运用球面几何原理，根据地质学得到的板块边界相对位移，建立了地质学板块模型，运用最广泛的是DeMets等人（1990）建立的NUVEL-1模型，用于描述过去300万年的平均板块运动。根据近年来空间技术的实测资料（SLR、VLBI和GPS）建立起来的ITRF2000，是最新的全球板块运动模型。现代空间大地测量测得板块运动速度为1~10厘米/年，表明现今板块运动速度与几百万年尺度的平均速度相近，支持了板块运动相对稳定的假设。

第三部分
解释与结论

The Origin of Continents and Oceans

第八章
地球的黏性

在上述各章中我们已经给出了不少大陆漂移学说的重要证据，下面我想在"大陆漂移学说完全成立"的前提下，对与大陆漂移学说主旨（学说内容、观点、适用范围等）密切相关的问题逐一进行讨论。这样一来，我们也就能解决很多老问题。还有许多事实，虽然没有上述一些论据那么有力，但足以成为大陆漂移学说的旁证，在这里我们会系统性地论述一下。

地球在宇宙中，图片来自 NASA

斯堪的纳维亚群山和峡湾围绕的壮丽景色。斯堪的纳维亚半岛西侧（即大西洋沿岸地区）是世界上峡湾地貌最为典型的区域。整个半岛处于北纬56°～71°，峡湾地貌主要形成于地球的第四纪冰川时期

现在，地球物理学者热议的一个话题是：地球应视为黏性流体还是应视为刚体（rigid body）？如果认为地球是刚体，又硬至何种程度呢？在这里我们且把这两个理论的论据依次梳理一番，我们首先从黏性流体学说说起。该学说的论据主要包括地壳均衡、大陆移动、地极的移动以及地球的扁平度等。

按前文所述，地壳均衡就是指地壳保持着浮动的均衡状态。这种均衡状态是广泛存在的，且是公认的事实。地球外壳在受到力的作用后，会在恢复均衡的过程中发生垂直补偿运动，这也是被公认的、不容置疑的事实。在第二章中，我们在论述地壳均衡说时已经将斯堪的纳维亚和北美作为均衡补偿运动的例子论述过了。这两个地方由于在第四纪时受到内陆冰的重压，分别沉降了250米和500米，之后随着冰块的消融，又抬升起来。这种情况并不是一个弹性变形的问题。鲁兹基早已指出，如果按照艾利的浮动平衡说来计算，要把斯堪的纳维亚抬升250米，那么斯堪的纳维亚上第四纪冰川的厚度就得有933米（要将北美抬升500米，当时冰川的厚度就应该是1667米）；要形成如此大小的弹性变形，当时大陆冰块的厚度就需要达到6~7千米。这根本就是个让人匪夷所思的数据。从抬升运动迟缓的情况来看，我们应当承认可能存在流体运动的事实，即斯堪的纳维亚虽然已经达到了冰河时代中气温最高值近1万年了，巨大的冰川也已经消融，但事实上斯堪的纳维亚至今还是以每百年1米的速度上升着。最近柯本提出了一种解释，即在冰块沉重的压力下沉降的区域，四周存在一个做着相反的垂直运动（即与沉降运动相反的上抬运动）的地带，这种轻微的上抬是由于陆块不断沉降压迫下面的硅镁层而产生的垂直运动。这个假设如今差不多已经成为确切的事实，而这个事实也正好说明了地球体具有黏性。

黏性流体不但是地壳均衡所产生的垂直运动的前提，而且是大陆水平运动的必要条件。关于这一点，我们在上文已经有了详细的说明，此处不再赘述。

另外一个相关现象是地球历史上的地极移动。在第六章中，我们已经探讨过石炭纪时代的地极位置，必须要说明的是，当时的位置跟现在的完全不同。地球地极的位置变化是与地球内部的一些情况有关，还是像大多数学者所认为的那样，仅仅是地壳移动导致的，这个问题我们现在还不能做出确切的判断，也许两种理论都是对的。但无论如何，我们在这里不得不承认地球整体或者地球的一部分是黏性流体。也就是说，无论是地壳的移动，还是在地球内部做相对运动的地极移动，都要求地球是一个黏性流体。这一点拉普拉斯（Laplace）已经做过相应的研究：如果地球为刚体，那么地轴就不能够旋转。简单思考一下，我们就很容易想明白这一点：地球最大惯性的轴因为要穿越膨大的赤道面不得不固定起来，即使地球出现了很大的地壳移动或其他地质学现象，也绝不能让地轴发生明显的偏移。当然，如果旋转轴被微小的欧拉（Euler）[①]振动牵引，那就另当别论了，即使如此，旋转轴也能保持其原来的位置。但如果地球是黏性流体，情况就完全不同了。卡尔文根据这个假定得出了结论："我们认为，最大惯性轴和旋转轴虽然是相互接近的，但在远古时期却与现在地理学上的位置相隔很远，而且它们在海陆上都不会发生剧烈的、重大的变化，而是逐步以10°、20°、30°、40°的速度移动着。这些情况不但在理论上说得通，

---

① 欧拉（1707—1783），瑞士数学家、自然科学家，柏林科学院的创始人之一。他是刚体力学和流体力学的奠基者，弹性系统稳定性理论的开创人。他认为可以将质点动力学微分方程应用于液体（1750年），曾用两种方法来描述流体的运动，即分别根据空间固定点（1755年）和根据确定的流体质点（1759年）描述流体速度场。前者称为欧拉法，后者称为拉格朗日法。欧拉奠定了理想流体的理论基础，给出了反映质量守恒的连续方程（1752年）和反映动量变化规律的流体动力学方程（1755年）。欧拉在固体力学方面的著述也很多，诸如弹性压杆失稳后的形状、上端悬挂重链的振动问题，等等。——译者注

而且也能得到证明。"鲁兹基说："如果古代生物学者们根据过去某个地质时代的气候带分布得出过去的地球旋转轴跟现在完全不一样的结论，那么地球物理学者除了承认这个理论外，也没有什么可做的了。"

此外，夏帕雷利（Schiaparelli）曾经针对地球是刚体、地球是液体、地球有可能是缓慢适应地极位置的物体（即黏性流体）三种假定，分别研究了地极移动的问题。在第一种假定中，我们当然会得到旋转轴不变的结论，这里就不说了。至于第二种假定，我们认定地球全部是由液体组成的，每当地极的位置发生改变时，地球就立刻成为适应此种改变的扁平旋转体，那么惯性轴会变得极不稳定。这样一来，地极将移动得十分迅速，而事实上这种情况在地球历史上从未发生过。而第三种假定，也就是承认地球为迟缓适应体（黏性流体），那么在地极转动的力不超过一定阈值时，我们完全可以把地球看作刚体。在这种情况下，只有我们现在观测到的欧拉的牵动力是存在的。如果这种力超出阈值（即牵动曲线的半径超过一定限度），那地极就会脱离原来的位置。这种脱离的动作是极其缓慢的，必须经过一段较长时间后，才会显示出较大的相对距离。像这种地极的移动在地球历史上曾经多次发生，所以我们可以断言地球确实为黏性流体。

最后，我们还可以提供一个地球是黏性流体的有力证据，那就是地球呈扁平形。在我们测定的精确度允许的范围内，可以看到两极扁平的程度和方向完全符合地球的旋转规律，而这种扁平状态当然是由流动导致的。关于这个问题，我们可以把交互发生的海岸线海进（外伸）和海退（内退）现象与地极的移动做地质学上的比较。多数学者已经注意到了这两种现象间存在的简单联系，雷毕希、克莱希格威尔、森帕尔、霍尔、柯本等是其中最主要的研究者。从下页左图中我们能看得更清楚。假设地极在移动的地球的形状并不能迅速地适应其移动并随之变化，那么在移动的地极

地图上的南美洲。南美洲东临大西洋，西临太平洋，北临加勒比海。其北部和北美洲以巴拿马运河为界，南部和南极洲隔德雷克海峡相望。南美洲是世界第四大洲

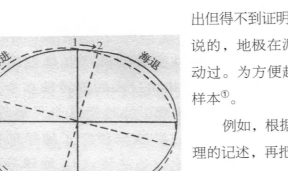

由地极运动引起的海进与海退

前就会发生海退，之后会发生海进。我们若看一下大陆漂移示意图，就可以印证这个过去曾被提出但得不到证明的法则。就像我们在第六章中所说的，地极在泥盆纪到二叠纪期间曾经快速移动过。为方便起见，我们把这段时间作为研究样本①。

例如，根据丹麦的科斯马特或瓦根对古代地理的记述，再把泥盆纪早期和石炭纪早期的海岸线录入石炭纪时代的地图上，我们就可以看到海退海进最明显的区域。但在那个地质时期，南极是从好望角向南美方面移动的，北极则刚与北美大陆分离开来，地极的前面发生海退、后方发生海进的规则，在这里就得到了确切的验证。自石

① 地极在第三纪时虽然也曾快速地移动过，但因那时大陆被大幅抬升，大陆架也大部分露出于地表，海岸线的变化远不如远古时期陆块大部分在水面下的时候明显。

炭纪晚期至二叠纪晚期，如上文所述，地极的移动方向几乎是与之前相反的——南极自南美大陆向澳洲方向移动，北极接近北美大陆。这期间所发生的海进、海退情况如右下图所示。以上是我个人了解到的最早的有力论据，它不但揭示了大陆漂移学说的正确性，还证明了我们所假定的该时代地极的位置及其运动方向的正确性。

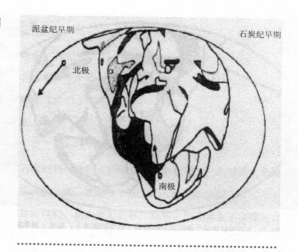

早泥盆世到早石炭世期间的海进（灰色阴影处）、海退（黑色阴影处）和地极位移

　　地极的运动与海水进退的关系是一个比较新的研究领域，我们要继续深入探索一下。比如，根据这种关系，我们就地球黏性流体问题可以得到什么样的结论呢？由海进或海退而导致的水平面变化约有数百米左右，因此我们可以推定地极

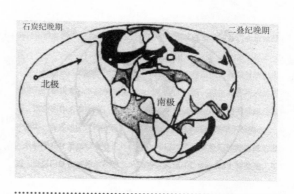

石炭纪晚期到二叠纪晚期的海进（灰色阴影处）、海退（黑色阴影处）

前方的地壳较均衡位置上升同样高程，其后方下降同样高程。如果地球为刚体，石炭纪至第四纪地极的移动角度是90°左右，那么当斯匹次卑尔根岛上升21千米，非洲中部也应该被压沉到海面以下21千米时。但实际上，上升和下沉都不过数百米左右。这些情况当然进一步证明了地球为流体。

非洲大陆最南端的开普敦

上述事实虽然已经充分证明了地球为黏性流体，但还是有众多的地球物理学者对此表示怀疑，因为他们证实了地球物质在外表上的黏度比在室内温度下的钢铁黏度（8×10^{11} 泊）还要高出两三倍，所以对地球的黏性流动性仍然有所怀疑。对于这个问题，我们不得不再做一次详细的说明。这个数字是用三种不同的方法计算出来的。盖格尔（Geiger）和戈登伯格（Gutenberg）根据地球核心中地震波的速度来计算，得出在深至地球半径2/5的地方的黏度为3.6×10^{12} 泊，在岩石表层为7×10^{11} 泊。舒韦达尔则用水平摆测量固体地球的弹性潮汐，测量结果显示：地球的有效潮汐刚度为1.8×10^{12} 泊，而地球中心处的数值为3.1×10^{12} 泊。还有一种是根据地极位置的振动来计算黏度，这个振动是不同周期的两种振动的重合。一种是具有一年周期的强制振动，按照斯比特拉（Spitaler）及舒韦达尔的说法，这种振动是由于气团周年移动影响了惯性轴而产生的。另一种振动是主要的振动，它是以14个月为周期的自由振动，相当于围绕惯性极的旋转极的旋转。欧拉把地球视作刚体，然后按照他的理论计算，得出第二种振动的振动周期只有10个月。关于这一点，纽科姆（Newcomb）有过这样的推测："地球为了适应新的旋转方向而变形为近乎椭球体，在这个过程中周期加长了。"豪夫及舒韦达尔根据这个推测来计算地球的黏度，得到了1.8×10^{12}泊的数值，这个数值正好与潮汐观测的结果一致。舒韦达尔又把硅酸岩表层的厚度估计为1500千米，计算该层的黏度得到7×10^{11}泊，这个数值又正好与根据地震波速度计算出来的数值相一致。

韦休特还从对地震的观测中推算出，地球核心的黏度数值为$2 \times 10^{12} \sim 2.4 \times 10^{12}$泊[1]。以上所列举的数字，有的可能不那么精准，但也没有什么妨碍。综上所述，我们可以知道地球整体其实比钢铁还要坚硬。

舒韦达尔曾经进一步研究过地壳下方是否真的有液状岩浆层："如果有人认为连具有与室温状态下火漆同等程度的流动性、厚度100千米的岩浆层也不存在，那就比较荒谬了。研究结果显示，在厚约120千米的地壳下，有黏度为$1 \times 10^{13} \sim 1 \times 10^{14}$泊的黏性流体层，如果假定这个流体层厚度约600千米，那就正好与观测的结果相吻合。"火漆在室温下的黏度是1×10^9泊，所以根据舒韦达尔的研究结果，陆块下方的硅镁层黏度应该比室温状态下的火漆大1万倍左右。

上面所提到的研究结果已经是确凿无疑的事实了。这个结果虽然与我们上面所说的关于地球黏性流动性的考察看起来有点矛盾，但绝不是无法

---

[1] 韦休特（Wiechert）学派的学者们从地震波传播的情形中看到地球内部的不连续面有1200千米、1700千米，2450千米、2900千米四种深度；其中第一个深度及最后一个深度最为明显。因此现在认为硅酸岩表层1200千米、中间层1700千米、地球核心半径3500千米的理论最为正确。现代地球物理学研究成果表明：地下有两个明显的界面——莫霍面（33千米深处）和古登堡面（2885千米深处）。

解释的。

　　我们说"看起来"矛盾，有两点原因：第一，地球是一个极大的天体；第二，地球地质演变时期非常长。关于这两点，过去的文献虽然不太多，无法体现出它们的重要性，但在地球物理学上，这两点实在是具有重大意义。在实验室中，钢铁制成的小球在任何情况下都可以被看作刚体，但如果是像地球那样庞大的"钢铁球"，情况就不一样了。至少，我们承认地球已经演进了千万年，而且依旧会因其自身的引力影响而流动。换句话说，前者是分子力（硬性）占主导地位，后者是质量力（重力）占主导地位。总之，地壳均衡是质量力（重力）表现出来的均衡作用，分子力无法产生这种均衡作用。从这一点来看，不仅流星，就是那些极小的天体都不呈球形，均衡作用也就无从谈起了。至于月球，就其整体来看，虽存在地壳均衡，但月球表面太过崎岖，表明它的质量力应该比地球小得多，而分子力较大。事实上，地球上山脉的高度也不是随机的、偶然的。彭克就曾指出，阿尔卑斯山诸山峰高度趋向一致。依这个情况来推想，我们就可以知道山脉的高度也是两种力相互作用的结果，所以高大的山岳其实体现了分子力对重力的力量比。正因为地球体积如此巨大，对于其物质的性能才具有如此大的影响。至于这种影响是如何发生的，也很容易解释清楚。我们已经知道，在巨大的机械压力作用下，钢铁也会变成可塑性物体。但是要想建造一个无限高的钢柱，是一件不可能的事情，这是因为一旦达到某一个高度，钢柱的底部就会开始"流动"。如果我们假设大陆边缘全部由钢铁制成，即便其最上部能够保持刚性，但是处于最深处的下层，必定会因为上部物质的压力而成为可塑性流体，开始横向流动。当达到地球那样大的体积时，钢铁早已不再是固体了。说得再清楚一点，就是像这样大的球体已没有可称为固体的东西，一切物质都是黏性流体——只不过因球体物质的大小不同需要不同的时间变形而已。关于最后一点，我们可以从舒韦达尔得出的硅镁层黏度约为室温条件下火漆的1万倍的结论中获得启发：如果将火漆棒摔在地上，它就会成为碎片；但如果将火漆棒架起两端，中间悬空，那么在几个星期后，就可以看到它已经弯曲了，几个月以后，中间部分将垂直下垂。从地质学角度来看，室温条件下的火漆极易流动，不能与地球物质相比，因此不能用它来说明地质学现象。如果硅镁质的黏度是火漆的1万倍，那么火漆发生1个月时间变形，就相当于硅镁质发生1000年时间变形，地质变化就是以千年计算的。因此，我们从舒韦达尔的研究中就能得出如下结论，即因地球有与钢铁同程度的黏度，它在某种意义上具有与刚体同样的作性质。但是我们不能在所有的情况下都把它视为刚体，只有在急速撞击运动中，例如地震波、潮汐起伏的撞击运动中，可能还有地级的摆动等，才能把地球看作一个刚体，这些都是极短时间内发生的运动。一旦涉及数千年、数百万年这样的长时期时，我们就不得不

海洋潮汐示意图。从图中我们可以看到潮差。所谓潮差，就是指海平面在低潮和高潮之间的高差

说地球的性质与黏性流体相同。

上述说明乍看起来有点矛盾，但我们不要忘记，即使在实验室中测试黏性流动性物质，也会发生一些有悖"常理"的情况。比如沥青，如果通过敲击测试，我们就不得不承认它是绝对的固体，但沥青如果长时间受重力的作用，就会开始流动。如果将沥青盛放在容器中，把一段软木塞用力下压，挤至沥青层底下，那么这段软木塞穿过沥青层浮至表面当然是不可能的。但如果把软木塞放到容器中，覆上沥青，经过足够长的时间后，这段软木塞就能够靠着微弱的浮力穿过沥青层浮到表面上来。这类事情通常会让人们觉得不可思议，所以就连对冰川的流动也难以解释。为了解释这个现象，一开始学界就认为有做了各种假定，想了一些特殊理由（比如二次冻结现象）。但根据最近对极地冰河进行观测所得的结果，其内部在低温条件下也在发生着流动，于是冰川的黏性流动性似乎得到了确认。

另外，关于黏性、固体性及刚性等的系数，有很多不同的定义。但这一点我就不在这里详细论述了，仅举一例让读者看一下有多少种不同的说法。

作用在某种物体上的力通常会维持在一定阈值之内。如果作用力超越了极限，J. C. 马克斯威尔（J. C. Maxwell）就称这个物体为"软物体"。另外，如果一个物体对于无限小的撞击有反应，不管这种反应有多么迟缓，那么这个物体都可以被称作"黏性流体"。他又说："如果一个物体出现变形仅仅是因为受到了超过一定数值的压力，那么不管这个物体怎样软，都应该称为固体。相反，虽然压力非常小，但是通过长时间的作用导致物质变形，那么不管该物质有多坚硬，也得称该物质是黏性流体。所以，脂蜡远比火漆软，但如果把这两种物质都做成棒状，支起其两端，使中间悬空，平放在一起，那么火漆在盛夏时只要几星期就会因自身的重量而弯曲，脂蜡却能够保持原状。因此，脂蜡是软的固体，而火漆是黏性流体。"

蜜蜡与脂蜡情况相同。用蜜蜡铸成的人像如果达不到熔融温度，即使过了数百年也不见人像变形崩解，可是同样的人像如果用火漆来铸造，恐怕短短几个月后就崩解了。

在马克斯威尔所说的两个极端之间，我们还可以看到很多处于过渡阶段的例子，上述例子实际上还不足以代表两极端。就拿火漆来说，无限小的力就可以使它变形，这种说法是不正确的。无限小的力只能使其自身开始流动，却不足以使其变形。总之，像地球的硅铝层那样的复合物，一定兼有这两类性质。因此，不论是硅镁层还是硅铝层，虽然都不能与马克斯威尔所说的任何原型相比拟，但是在我看来，如果我们把硅镁质和硅铝质比拟为上述两种物质来思考，就会对此前很难理解的大陆漂移学说有所启示。我的意思是要表示硅镁质与硅铝质的明显差异并对其进行说明，最好的办法就是把硅镁质比拟为火漆，把硅铝质比拟为脂蜡。这样一来，我们很容易就能想清楚硅镁质虽然没有硅铝质坚固（玄武岩是最好的铺路石），但比硅铝质富有流动性。硅铝质在受到不超过一定限度的作用力时还能保持其原形不变（大陆块的形状），但作用力一旦超出了一定限度，其就会发生折曲或断裂。

上述内容，并没有考虑地球内部的温度，但这一点对于大陆漂移的可能性问题也是很重要的。据杜尔特（Doelter）和戴伊（Day）的研究，复合硅铝层并没有明显的熔点，只有一个熔点温度的区间，而且这个区间有时候相当大。据说，一般情况下辉绿岩在1100℃时开始熔融，维苏威（Vesuvius）熔岩则在1400～1500℃时开始熔融。这些都是标准大气压下的熔点，在地壳下100千米的深处，熔点还要增加数百摄氏度。

另外，人们在调查了现在世界上最深的井——卡托维兹的楚科夫二号井（Czuchov Ⅱ）和帕鲁肖维茨五号井（Paruschowitz Ⅴ）之后，得到了这样一组数据：在地壳最上层2千米的范围内，深度每增加100米，温度上升约3.1℃。不过，这是在沉积岩层中进行的测定，因为沉积岩层的

埃特纳火山喷发
出熔岩

导热性比火成岩弱，所以等温线在此处较为密集。在歌德赫特（Gotthard）、蒙西及辛普隆（Simplontunnel）各隧道的原岩中，其温度增加率仅是每百米2.2℃、2.3℃及2.4℃。在这种地方，温度增加率之所以这么小，很可能是山体凸出导致的，这一点我们也不能忽略。因此，如果把这一点纳入考虑，对大陆块而言，大概每百米增加2.5℃就是平均值了。当然，对硅镁层做类似于上述的测定是一件不可能的事。假如我们弗里德兰德提出的见解是对的——地壳深处火成岩的导热性略弱于表层，其温度增加率为每百米6℃，如果我们用线性外插法加以计算，那么大陆块在海面下9千米的深处，其温度已经与深海下一样了（230℃），如果继续下探到更深处，我们就会发现深海下的岩石也有跟大陆块下同样深度处岩石的相同温度。现在看来，弗里德兰德计算的数值虽然不够精确，但深海下与大陆块下导热率之间的微小差异可以补偿这一情况。也就是说，海面下5千米处的海底温度为0℃，而大陆块下相同深度处的温度已经达到了135℃[①]。

如果用线性外插法来计算，大陆块在深至100千米的地方已达2500℃，远超岩石的熔点。虽然这种线性外插法被公认为难以应用，但遗憾的是，我们至今也没有掌握温度增加与深度增加间的变化规律。之所以会如此，大概是因为地壳中镭的分布。关于地球核心处的温度，之前人们估计得过高，现在推翻了前人的理论，认为大致应该在3000~5000℃之间。这样的理论，仍然缺少基础数据的支撑。总之，在100千米深处，温度约在1000~2000℃之间，这样的推测大概是最合理的。因此，我们认为大陆块的下缘已经与熔点接近了，这个理论与以往的研究也并不矛盾。

当然，我们不能认为世界各地同一深度处的熔点都一致，也不能认为熔点温度处的深度无论在什么时候都固定不变。关于这两个问题，我们可以从"花岗岩熔融"的现象中获得启示。过去人们对这个现象还存有疑问，但克罗斯（Cloos）通过在南美洲考察，已经证实了这个现象，并且指出熔点等温线有时甚至会到达地球表面，因此我们就很容易推测出：熔点等温线可以移至接近地表的地方，也可能移至极深的地方。不过，熔点等温线总是随着时间的变迁而改变，二者间究竟有什么样的联系，我们还不清楚，也许是与放射性物质的变迁有关吧。

总之，温度增高导致硅镁层流动性变强，这一点是毫无疑问的。但是，它以什么样的系数随温度变化？大陆块下缘究竟有没有明显的流动性地带？现在这些问题都无法解答。

杜尔特的研究结果显示，硅铝质岩石的熔点一般要比硅镁质岩石的熔

[①] 这样一来，那些大洋盆地被冰冷海水冷却而造成沉降，以及深海海底因为温度比大陆块更低，所以比大陆块更坚硬的歪理邪说也就不攻自破了。

花岗岩岩石中的天然花纹

点高200~300℃。这一点正好能解释硅铝质陆块的分离——在同一温度下，岩浆状的硅镁质与固体状的硅铝层能够并存。熔融后的硅铝质的黏性大于熔融后的硅镁质，这一点与上面所说的理论非常吻合。

即便如此，我们仍然不能忽视舒韦达尔的研究结果，他曾经指出，在大陆下面的硅镁质的黏度也比室温条件下火漆的黏度大1万倍，所以，我们还不能说温度问题具有决定性意义。总的来说，我们可以推想：虽然硅铝层从来没有达到熔点温度，但是所有的一切过程都显示，硅铝层与这个熔点已经相距不远了。

专家评述与研究进展

本章魏格纳运用重力均衡、大陆的水平移动、地极移动和地球形状扁平等现象，论证了大陆漂移的观点，认为可以将地球视为一个黏性体。大陆漂移学说将地球视为黏性体，使地质学的研究更加重视时间过程，更加重视深部作用，将地球表层的地质学研究与地球深部的变形过程联系起来。

硅镁质较为坚硬，却富有流动性；硅铝质在作用力小时保持现状，作用力超过其限度时却发生褶皱或断裂。魏格纳的推论表明，大洋洋底硅镁层的较强可塑性和大洋洋底洋流的流动性使大洋洋底缺乏褶皱山脉，使得大洋洋底部分地区显得较为平坦，并将此作为大陆漂移学说的论据。

魏格纳认为：硅镁质大洋岩石如同火漆，硅铝质大陆岩石如同脂蜡。

魏格纳在本章中提供的几个地幔的黏滞系数与现代的测量和反演结果差别较大。使用高温高压试验，我们可以测试符合地幔温度压力条件下的黏滞系数。根据地震波在非弹性介质中衰减和黏滞系数的关系，我们可以计算地球内部的黏滞系数，地幔黏滞系数平均为3×10^{22}泊。通过重力反演，我们也可以研究黏性流动维持的地幔内部密度异常的状况，进而得到黏滞系数随深度的变化，地幔浅部（100~300千米）存在一个弱黏性的软流圈，黏滞系数为1×10^{19}~1×10^{21} Pa·s（1×10^{20}~1×10^{22}泊）。魏格纳设想100千米深处硅铝层的底部达到熔点温度，可以水平流动，而板块学说把这个水平移动的带从大陆花岗岩层的底部往深部移动，越过地壳硅镁层，越过岩石圈地幔，而挪到软流圈中。解耦层的深度改变了，而表层和深层之间的水平错动依然存在。

虽然今天对地球黏性的认识和魏格纳的认识差别较大，然而并不妨碍魏格纳将地球视为一个黏性体，只是现在认识的黏滞系数比魏格纳的大了，相当于达到同样变形需要的时间更长了。

书中说硅铝质岩石的熔点比硅镁质岩石的熔点高200~300℃，现在的观测恰好相反。现代火山观测表明：酸性的流纹岩浆温度为700~900℃，基性的玄武岩浆温度为1000~1300℃，而超基性的纯橄榄岩熔点高达1910℃。

　　前文已经说过，大陆移动得最快的地方差不多是在每1000千米的距离内每年移动10米。如果我们把这10米的数值平均分配到整个距离上，那就意味着每米每年所移动的距离不过是0.01毫米。无论从理论还是事实上来看，这都是一个极小的数字。在深海海底岩石上，因纵横运动形成了各种裂痕。这些细微的裂痕只要稍稍扩大一点，就足以把整个距离扩大成上述数字了。如果地壳深处存在硅镁质，那么要扩大到这样的程度就不成问题，因此在整个过程中，熔融后的硅镁质根本无须抬升并露出地表。但也有人认为可能存在这一情况：漂移的整个过程远没有上面所说的规则，某些地方的表面一点也不扩张，另一些地方为了补足空隙，就不得不做了更大的扩张。在这种情况下，这个地方至少有一部分高温的硅镁质会抬升并露出地表。

　　即使这种高温物质露出海底，也不太可能引起什么异常的激变。我们知道水的临界压力仅有200个标准大气压，这种临界压力在海面下2000米左右的深度处就可以达到。在这么深的地方，无论水多么热，也不能成为水蒸气，至于临界温度以上的热水，当然会因为密度下降、质量减轻而上升，但上升到一半就会与深海中大量的冷却至冰点的水相混合，结束上升过程。因此通常的情况是，即使有熔岩涌出海底，也不过是一种无

在印度尼西亚小巽他群岛的一座活火山附近，气泡从海底升起

声的、稳定的现象。伯杰（Bergeat）的研究显示，在1888年、1889年以及1892年，火山岛（Vulcano）附近700~1000米深的海底处曾发生过这种海底喷发，利帕里（Lipari）到米拉佐（Milazzo）的海底电缆因此被切断。但是我们并没有在该海域观测到什么异常现象，之所以知道发生了海底喷发，还是因为电缆被切断了。因此，我们可以说，静默无声是海底喷发的显著特征。

太平洋、大西洋、印度洋的深度完全不同。科辛纳（Kossinna）利用格罗尔（Groll）绘制的海洋深度图计算出的结果是：太平洋的平均深度是4028米，印度洋是3897米，大西洋是3332米。这种深度关系也明显地体现在了深海沉积物的分布上——关于这一点，克留梅尔曾经亲自提醒我加以关注，红色的深海黏土和放射虫泥都是真正的深海沉积物，只有太平洋和东印度洋存在这些沉积物。至于大西洋和西印度洋海底，都被一层浅海沉积物覆盖。这种沉积物与前两者相比含有更多的石灰，因此不难判断出产于浅海海底。各大洋深度不同绝非偶然，而是规则的、系统的，而且与太平洋型海岸和大西洋型海岸的差异有关。这方面最明显的例子是印度洋，这是因为——印度洋的西半部是大西洋型的，而东半部是太平洋型的，且东半部比西半部深得多。此种情形与大陆漂移学说结合起来研究，是一件非常有趣的事。我们只要看一看地图，就可以明白最深的地方是早期的深海海底，近代才形成的海底深度就比较小了。明白了这一点后，我们再来看一下大洋沉积层图，就能够清楚地看出大陆漂移的痕迹。

这种深度差产生的原因当然是早期海底与近代海底两者密度不同。我们不妨想象一下：在地球的历史演进中，由于析出了某种成分的结晶（或者其他原因，我们姑且不论），最终导致硅镁层的构成发生变化。这样的假设无论是用于解释早期和近期火成岩的矿物学差异，还是用于解释现在大西洋型和太平洋型熔岩的差异，都很正确。但是按照这种理论来推想，新的大洋底应该比早期的大洋底更深。在我看来，要说明这种深度差，应该从温度的关系上谈起。早期的深海海底曾经出现过极度冷却，所以比新的深海海底的密度更大。假设硅镁质的密度为2.9克/厘米^3，花岗岩

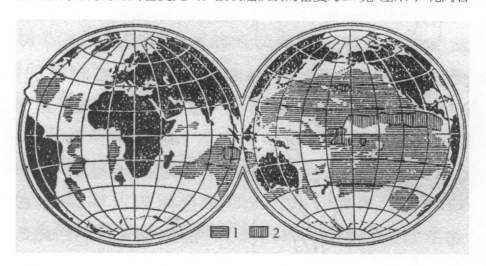

大洋沉积层图（克留梅尔）

海底岩质海床上的古希腊黏土双耳陶器遗迹

的膨胀系数为0.0000269K^{-1}，温度提高100℃时，其密度将变为2.892克/厘米^3。因此，两处深海海底互相保持地壳均衡状态时，如果两者间的温度相差100℃，那么较暖的深海海底就会比较冷的深海海底高出300米。当然，我们不能想象在数百万年（估计的数目）的时间里，大西洋底能够始终维持其深处的灼热高温，即使最初的温度差比我们想象的大一些（1000~1500℃），那也不能说在这样长的时间里就不发生一些变化。总之，我们现在无法明确地知道地球内部的热量究竟是如何产生的，可以假设全部热量是由镭的衰变产生的或一部分热量是由镭补给的，并且新露出的深层岩石中含有大量的镭。对于这样的假设，我们当然不能完全否定[①]。

　　我们假设硅镁层确实是与火漆性质相似的黏性流体，那么它仅仅能

────────────

① 地壳深层岩石中含有大量的镭的假设现在已经被证明与事实不符。

够在硅铝块漂流逼近时利用其流动性变形避开，自身却无法流动，这种现象就有点意思了。如果手边有地图的话，我们可以翻开看看，很容易就能找到一些直接且确切表示硅镁层在局部确实发生了流动的地方。这些地方原来似乎都是直线排列的群岛，但后来大概由于发生了上面所说的流动，就扭曲变形成了现在的形状。下图为这方面的两个实例，一个是塞舌尔群岛，另一个是斐济群岛。从地图上我们可以看到，半月形的塞舌尔群岛中，分布着许多由花岗岩构成的孤岛。塞舌尔群岛虽然不能与马达加斯加岛或印度按照轮廓拼合在一起，但是如果我们把它拉直后进行推想，就会发现它似乎在很久之前确实为某块大陆的一部分。关于这一点，我们可以做如下解释：这些孤岛是熔融后的硅铝质从大陆块下方浮上来形成的，此后随着硅镁层流动，向印度方向漂移了很远。假设当时马达加斯加也跟着硅镁层一起流动，那么它们所处的位置恰好是向印度移动的路线上。这种假设是很有道理的，但是也有可能正好相反，即硅镁层的流动导致了印度和斯里兰卡的分离，这也是有可能的事情。对于流

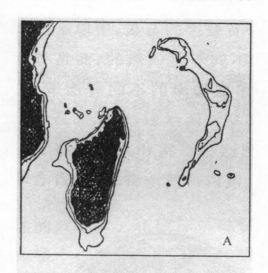

A——塞舌尔群岛
B——斐济群岛

体的运动，即使是黏性流体的运动，我们也很难分清其流动的因和果。现在我们这方面的知识还很匮乏，无法做出让人满意的回答。因此，应用大陆漂移学说将实际观察到的相对移动一一做系统性分类实在是一件困难的事，包括在这里要研究的，也只是解释一下硅镁层的流动现象。这一点倒是不难办到，我们试着由塞舌尔群岛两侧弯向后方的形状来推想，就可以明白当时硅镁层的流体运动是从连接马达加斯加岛和印度的中线部分向两侧逐渐变弱的。换句话说，流动得最剧烈的地方是硅镁层新露出的部分，位于西北与东南方向的早期深海海底处，流动速度则要缓慢得多。我们再来看一下斐济群岛地图，最引人注目的是群岛的形状像两股螺旋的星云一般，这特异的形状暗示着过去这里曾有过螺旋状流动。当澳洲大陆最后与南极大陆分离时，遗弃了它的岛弧新西兰，开始朝着西北方向移动，这一点现在仍然清晰可辨。据我猜测，澳洲运动方向的变化可能与上述硅镁层的流动有很大关系。大概斐济群岛还没有形成现在这样的螺旋状以前，是位于汤加山脊附近的，当时的形状是与山脊相平行的一列直线形岛屿。也就是说，这两列岛屿都曾经作为新几内亚陆块的外侧岛弧而存在。它们和其他一切东亚的岛弧相同，在移动时外侧被固定在早期的深海基台上。这样一来，其内侧部分就与大陆块分离了。在内侧的群岛很可能在陆块离去之际被牵动着旋转起来，变成了现在的螺旋形状。另外，新赫布里底群岛（New Hebrides Islands）和所罗门群岛（Solomon Islands）大概也是该陆块运动时被中途遗弃的雁行岛弧[1]，俾斯麦群岛中的新大不列颠群岛因为附着于新几内亚岛，也曾经移动过位置。而在澳洲大陆的另一边，还可以看到巽他群岛中最南端的两个岛屿同样有着螺旋状的弯曲，与斐济群岛的情

---

[1] 赫德莱从生物学的角度研究新几内亚、新喀里多尼亚、新赫布里底及所罗门群岛，也得出了这些岛屿属于同一生物区系的结论。

太平洋法属波利尼西亚处海底，一条天然的海沟深入礁石斜坡

况非常相似，这里的硅镁层同样也曾有过螺旋流动的情况。

关于深海海沟的性质，我们在过往观测的基础上，现在仍然得不到确切的结论。但如果不考虑两三个例外（这些例外在我看来，似乎都有完全不同的起源），那就可以说深海海沟大多位于岛弧外侧（凸侧）的前面。换句话说，深海海沟很可能在这些岛弧与早期深海基台的连接处，而另一面，也就是岛弧内侧（新露出来的深海海底开口的地方），肯定不会有深海海沟存在。从这一点来看，我们不难做如下的推想：大概只有在早期深海基台上才能形成海沟，这是因为早期深海基台已经彻底冷却凝固了，所以只能在这里形成深深的裂痕。因此，这些深海海沟都是一种边缘裂隙，一边是由岛弧的硅铝质构成的，另一边是由深海基台的硅镁质构成的。下图中雅浦深海海沟的横断面实际上起伏比较小，其实是在重力的作用下变得平坦了。

雅浦（Yap）深海海沟剖面（根据萧特与佩勒维茨），
垂直缩尺放大 5 倍（上面的断线表示真实的比例）

对于新大不列颠群岛的南面及东南方向直角形的深海海沟，其成因显然是该岛附着于新几内亚陆块，因受到向西北方向的剧烈拉力，而形成了这样的形状，即新几内亚陆块厚度达100千米，它像一个巨大的铁犁一样划过硅镁层。硅镁层虽然在后面开始流入这条"犁沟"，但是无法完全把它填满。这个实例可以非常生动地解释海沟的形成。

智利西部的秘鲁—智利海沟（也称阿塔卡马海沟）的成因就另当别论了。简单地说，就是这里的大陆板块因压缩而上升隆起形成了山脉（参照第十章中关于山岳形成的叙述），同时深海海底以下的岩层被巨大的山体压下去，其附近的深海基台部分也会被巨大的压缩力牵引，开始下陷。就像我们前面说过的，向下的山脉褶皱熔融后，熔融的部分并没有跟随大陆

大洋盆地构造示意图

块向西漂移，而是被挤压向东方抬升，其中一部分在东边上浮露出海面，就成为阿布罗柳斯群岛。这一点也恰好解释了大陆边缘的沉降，当然其附近的硅镁层也不得不跟着下陷。

　　尽管我们已经做了细致的阐述，但是这些理论还需要今后更深入的研究来支撑，特别是重力测定方面的研究，否则我们就不能说弄清楚了深海海沟的本质。据我了解，这方面的调查研究还非常少见，到现在只有黑克尔曾在汤加海沟处进行过观测。据他所说，那里有明显的重力异常情况。这个结果倒是与我们的推想（指硅镁质流入不足，所以海沟处的地壳未能得到平衡）相符。但仅依靠这一个孤例，还无法说明问题，只有对其他地方的海沟也做同样的观测，我们才能进一步了解这些重力扰动（重力异常）的本质。这一点也是非常重要的。

专家评述与研究进展

在区分大陆与大洋之后，魏格纳进一步研究了大洋底与大陆完全不同的性质。他认为灼热的硅镁质出露并形成大洋底；用岛弧的弯曲变形说明大洋底的流动性，推论出硅镁质是黏性流体。现在我们知道大洋壳的物理性质与大陆壳有很大不同，虽然不是黏性流体或岩浆，但黏滞系数比岩浆大得多，在漫长的地质时代中也有流动性。

但是魏格纳把大洋壳的变形平均分配就不对了。现在我们知道，在大洋中，主要变形发生在海沟–岛弧、洋中脊及转换断层处，而这些变形带之间的地壳变形很小。可能是魏格纳推算的大陆漂移的速度10米/年太大了，于是把10米的长度均匀分配到千米的距离上，然而这样一来，我们面对的是应变，而不是位移，概念发生转换了。

在过去的很长时间里，人们普遍认为，海底是很古老的，甚至认为海底永存。然而，近几十年来人们对深海的考察研究发现，这种认识是错误的。现在科学家普遍认为，洋底是年轻的，其年龄最老不超过2.2亿年。

关于大洋底年龄和深度的关系，魏格纳认为最古老的大洋底是最深处的，而那些在近期才出露的洋底深度最小。魏格纳的判断大体是正确的。现代海洋测量表明，对于年龄小于8000万年的大洋底，水深严格地和大洋底生成时间的平方根成正比；对于年龄超过8000万年的古老洋壳，水深偏离了线性关系，比上述正比关系预测的要浅一些，然而大体上还是古老的深，年轻的浅。

魏格纳还讨论了深海沟的性质，把深海沟看作一种边界裂隙，一边是硅铝质组成的岛弧，另一边是硅镁质的深海底。现代板块学说证实深海沟属于大洋板块边界的一部分，在这里大洋板块俯冲，与大陆壳相撞时，由于大洋板块密度较大，又处于较低位置，便俯冲于大陆壳之下，消亡于地幔之中，亦称消减带。

1950年，地震学家贝尼奥夫发现了大洋边缘深海沟附近的，以15°~90°（平均45°）的倾角向地幔中延伸达700千米的震源带，之后人们将其称为贝尼奥夫带。贝尼奥夫带的地幔比周围的地幔波速大（在相同深度下大10%~15%），而震波的吸收要低（高衰减系数Q）。这就意味着贝尼奥夫带是温度较低的大洋岩石圈板块向下俯冲形成的。

魏格纳一百年前就提出需要进一步研究大洋底，特别是进行重力测量。直到第二次世界大战之后，美英等国才开始进行大规模海洋地质调查，1956年发现大洋中普遍存在洋中脊，确定了全球裂谷系；1962年赫斯提出海底扩张说；1963年发现洋中脊的磁条带异常，确认新洋底沿中脊裂谷顶部不断形成和扩展；1965年加拿大地球物理学家威尔逊发现了长达几千千米的转换断层，提出大洋盆地从生成到消亡的演化循环模型，为板块学说奠定了基础。

1968年，人们开展了海洋深钻探，证实中脊顶部处的海洋地壳最年轻，向外逐渐变老，进一步验证了海底扩张理论。海底扩张理论构建了大洋地壳从生长到消亡的完整过程。

库恩在《科学革命的结构》中说，如哥白尼、爱因斯坦引领的科学革命过程中，"在最初意识到（旧规范）崩溃和新规范出现之间要经过相当长的时间"。从魏格纳提出大陆漂移学说到建立板块构造学说也经历了几十年时间。

海底扩张说建立了与大洋永存说根本上完全相反的概念。就是这个从大陆漂移到板块构造科学革命过程中出现的"公认的根本反常现象"促成了地质科学向新的规范过渡。

在本章中，我们的主要考察内容是现在已经分裂为几个大陆块的地球硅铝圈。现在先对它做整体性考察。

下图表现出了地球大陆块的分布。大陆架应该被视作大陆块的一部分，所以本图所描绘的大陆块轮廓有许多地方显然与我们所知的海岸线有所不同。因此，如果我们要对此进行研究，就必须忘掉大脑中普通地图的样子，然后将这个陆块的整体轮廓深深刻在脑海中。通常来说，200米的

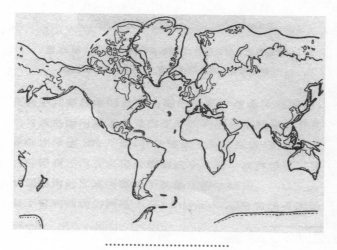

墨卡托投影的大陆块图

等深线正好能代表大陆基台的边缘轮廓，但是也有一些特殊情况，比如某些地方虽然也属于大陆基台的一部分，深度却达到了500米。

　　下图所示为通过南美洲与非洲的地球岩圈剖面图（按实际比例缩尺）。山脉、大陆以及大洋的高度差在图上的差异非常细微，因此都包含在该图表示地球表面的圆周线中。与此相反的是，大陆块的厚度达到了100千米左右，可以在图中很明显地表示出来。地球的核心主要由铁和镍两种主要物质构成，休斯将其命名为镍铁圈。为了便于比较，图中还把大气层也表示了出来，把氮和氧圈的高度确定为60千米，在这之上就只有更轻的气体了。具有气象现象的大气层，也就是我们所说的对流层，因为只有11千米高，所以无法在图中标注出来。

　　前文已经说过，构成大陆块的主要物质是片麻岩。但我们知道，大陆块靠近地表的部分大多不是片麻岩，而是沉积物。因此，我们必须研究清楚大陆块在构成时这些沉积物到底发生过什么作用。假设沉积层的最大厚度是10千米左右（这是美国地质学者对阿巴拉契亚山脉的古生代沉积层进行计算后所得的数值），最小厚度为0，因为很多地方都直接祖露着原岩，上面没有任何沉积物覆盖。而根据克拉克（Clarke）的计算，大陆块

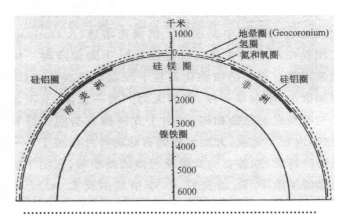

通过南美洲和非洲的地球岩圈剖面图（按实际比例缩尺）

上沉积层的平均厚度为2400米。相比大陆块整体约100千米的厚度，沉积层不过是地表的风化层而已。这一点是非常清楚的，无须赘述。即使我们把沉积层全部移走，陆块也会因为地壳均衡的作用上升至原来的高度，所以地球表面的起伏不会发生很大的变化。

在最古老的地质年代以前，我们推测硅铝层曾经覆盖过整个地球表面，当时硅铝层的厚度当然不会有100千米，大概只有30千米左右。在硅铝层的上面，还曾经覆盖过广阔的海洋（全陆海）。根据彭克的计算，全陆海的平均深度为2.64千米，这是一个非常惊人的深度，恐怕当时的地球表面已经完全被它覆盖，即使有露出的部分，也是凤毛麟角而已。

我们可以用两个有力的论据证明上述理论的正

带有红色脉络的片麻岩。片麻岩是一种变质岩，变质程度深，具有片麻状构造或条带状构造，为鳞片粒状变晶结构，主要由长石、石英、云母等矿物组成，其中，长石和石英含量大于50%，长石多于石英

石炭纪地貌与植物。在石炭纪早期，植物种类与泥盆纪相似，但是也出现了新的植物类群。当时的森林由木贼目、楔叶目、石松目、鳞木目、科达目、真蕨类植物构成，陆生植物主要生长在河流、湖泊周围和沿海地区

石炭纪植物

确性：一个是地球上生物的进化，另一个是陆块的构造组织。

就像斯坦因曼所指出的："无论是栖息于陆地上的生物、淡水中的生物还是大气中的生物，其起源都是海洋，相信任何人都无法怀疑这一点。"在志留纪以前，地球上还不存在能够呼吸空气的动物，最古老的陆生植物化石是在哥得兰岛（Gotland）上的志留纪晚期地层中发现的。据哥塔恩（Gothan）的研究，泥盆纪以前的生物除了没有叶子的、像苔藓那样的植物外，就没有其他生物存在了。他说："在泥盆纪早期，具有真正叶片的植物都还很少——当时一切植物都像是弱小的杂草，甚至柔弱到难以直立。"而在泥盆纪早期，地球上的植物基本上已经与石炭纪时的

植物种类差不多了：较大的有脉络的叶片开始出现，支撑植物体的器官与起同化作用的器官已经发育……我们依据泥盆纪早期植物的特征（器官低级、株体矮小等）来推想，就不难理解伯托尼（Potoni）、李格尼尔（Lignier）及阿尔培尔（Arber）等学者所说的"陆地植物均起源于水中"的见解了。至于为什么植物在泥盆纪晚期开始繁茂起来，应该是由于植物已经适应了空气环境，开始了新的进化。

另外，如果把硅铝质表层的褶皱全部拉平，硅铝层外壳就差不多可以张大至覆盖整个地球表面的程度。现在的大陆块即使把大陆架也算进去，也不过只能占到地球表面的1/3，但是在石炭纪，大陆块要比现在大得多（约占地球表面的1/2）。如果上溯到更早的历史时期，那么褶皱的范围就更广了。关于这一点，凯塞尔有过如下论述："有一件值得我们思考的事是，地球上大部分的太古代岩石都明显地发生过变位和褶皱，直到元古代（Algonkian），我们才开始在褶皱后的岩石外部看到没有褶皱的或者只发生轻微褶皱的沉积岩。也是从元古代开始，坚硬而不易变形的岩块越来越多，分布越来越广泛。这样一来，褶皱的地壳部分就相应缩小。这种现象与发生于石炭纪、二叠纪时期的上冲运动非常吻合。古生代后，褶皱力持续减弱，但到了侏罗纪末期与白垩纪中期，褶皱力又逐渐转强，到第三纪后期达到了最高点。我们之所以说这是值得思考的事，就是因为最新的大规模造山运动所波及的范围还是比石炭纪的造山运动的范围小得多。"

这样来看的话，我们关于硅铝层包覆过整个地球圈的假设，就与前人的研究和理论并不矛盾。而且我们可以确定：这种富有移动性或可塑性的地球外壳在受到某种力（力的性质以后详述）的作用时，一方面会被撕扯，发生断裂，另一方面会发生褶皱凸起。当地球被这种力撕裂时，就会形成深海盆地，或将其进一步扩大；而当地球被这种力压缩发生褶皱时，就形成了褶皱山脉。如果我们仅从生物学的角度来考察，也可以发现深海

美丽的南太平洋塔
希提岛鸟瞰图

是地球历史演进造成的。关于这一点，沃德做了如下叙述："无论从一般生物学领域中的实证来看，还是从现在深海动物的地层位置或者地壳构成来看，我们都不得不相信现在生物栖息的深海已经不是最古老的地球的原始形态，而是在大陆上到处发生褶皱运动（改变地球表面形状）的时代形成的。"最早的硅铝层裂隙（硅镁质首次露出地表）的形成大概就与现在的东非裂谷的形成极为相似：当硅铝层的褶皱逐步加大时，裂隙也跟着同步增大。一般认为，太平洋地区就是在远古时代以这样的方式形成的，这里就是最先剥离硅铝层外壳的地方。也许是在硅铝层断裂的时候，也许是在裂隙逐渐增大的时候，也许是在之后陆块全部向西漂移的过程中，那些从硅铝层边缘落下来的碎片附着到了硅镁层上面，遗留下来了，成了现在散布在深海中的岛屿或海底隆起。

我们不妨看看太平洋上的那些岛屿，它们几乎平行地排列着。根据阿拉尔特的计算，这些岛屿多达19列，而且差不多都是处于北纬62°偏西的走向上。因此，我们可以把这些太平洋上的岛屿走向看成大陆漂移使得该处深海盆地裂开或扩大的移动方向，而巴西、非洲、印度以及澳洲的古片麻岩褶皱，也应该被看作与太平洋开裂相对应的东西。事实上，非洲褶皱的东北走向也的确与太平洋群岛的方向遥相呼应（二者相交成90°角）。

硅铝圈受到压缩后，必然会增厚而上隆，同时，深海盆地相应扩大。于是，大陆块上的海进（不考虑其发生的位置）不得不随着地球历史的演进而逐渐减少。这已经是公认的规律和法则，从本书第一章中的海陆复原图上也很容易弄清楚这一点。

需要指出的是，硅铝质表层的变化过程是不可逆的。也就是说，张力的作用不能再把陆块的褶皱重新拉回原来的形状，只能把它拉断。因此，即使压缩力和张力交互作用，这两种作用的效果也无法相互抵消，只能朝一个方向发生作用——压缩或者分裂。简单来说，硅铝层是随着地球历史的演进而逐渐变得狭小（指面积）、逐渐增厚、逐渐碎裂（大多数硅铝层）的。所有这些现象互相关联、相互补偿，甚至连成因都是一样的。右图所示为由当前的考察推测出的过去、未来的地球表面等高曲线。现在的平均地壳水平面和还没有发生断裂的原始地球硅铝圈表面是吻合的。

对于硅铝块的内部构造，到现在为止我们可以说几乎一

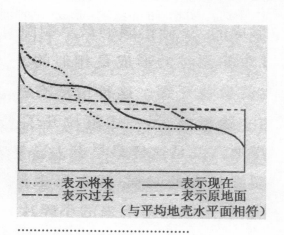

‥‥‥‥ 表示将来　　　　—— 表示现在
—— 表示过去　　　　　表示原地面
　　　　　　　　（与平均地壳水平面相符）

过去和将来地球表面的等高曲线

无所知。下面解释一下大陆块上多数地方有火山（喷发出由硅镁质构成的岩浆）这个现象。硅铝层包裹的陆块内部的比较容易流动的硅镁质（末梢岩浆池）就像是某种"馅料"（岩浆囊），"岩浆囊"的周围包裹着坚硬或黏度极大的硅铝质，斯都培尔曾以这个大家公认的假定为前提做了一些解释。但是从另一方面来看，为什么硅镁质和硅铝质这两种差异非常小的物质会在地球体内完全分离开或者说被分离开？这似乎没有什么理由。根据我的推想，也许这两种物质之间存在一个逐渐过渡的阶段。因此，我认为现在硅铝壳的构造很可能就像下图所示意的那样：地壳的最上部是硅铝质构成的连续带，其中包含着一些零散的硅镁质内容；下方是交错组合的镶嵌带，在这里硅铝质和硅镁质都有连续的分布；再下方就是硅镁质的连续带，其中嵌着一些被隔离的硅铝质熔融体。这个示意图也许不是特别精确，但是我认为初期硅铝层外壳的构造是与该图接近的。可能是因为硅铝层外壳被压缩了，所以导致其中所包含的硅镁质被挤压了出来。这时，质地较软的大部分硅镁质当然会被压到下方纯化，但同时成为火山的一部分反而会被继续上推。被上推的一部分扩展开来，就成了板状的岩床。在大陆漂移时，硅铝层的下缘就会形成一种滑面，这种滑面的一个特征是矿物成分变化特别迅速。

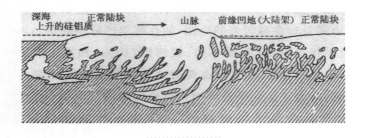

硅铝块剖面图

如果陆块的构成真的如上文所述，那么很多现象就可以得到解释了。比如，大多数漂移的大陆块（如澳洲大陆）在漂移路线上的深海海底处经常会有很多隆起。这些隆起到底是深海海底的一部分，还是应该看作陆块的一部分？这本来是一个难题，但是如果用我们上面的假说来解释，答案就很清晰了。再比如，在冰岛附近所见陆块的下部虽然是向外延伸的（被挤出），但如果从陆块的上端来看，其轮廓非常清晰、完整，这种情况用我们的理论也很容易解释。此外，人们经常会感到疑惑的大向斜的不稳定性，其实也能够

尼加拉瓜马萨亚火山山口喷发出的熔岩和烟雾

印度尼西亚阿纳喀
拉喀托火山喷发

用该部分硅铝块的上部含大型硅镁质熔融体来解释，这样会让人很容易理解：硅镁层的比重大，导致该地的表面比四周更低；同时，硅镁层具有流动性，倾向于垂直运动，如果受到了沉积物的重压，就很容易沉降。根据这一点，如果向该处施加造山作用的压缩力，那么根据上文所述，即使在陆块中，该部分也会褶皱起来。在山脉形成的时候总是伴有大量熔岩涌出，这也是我们上述理论的有力论据。也就是说，中间夹杂的硅镁质在褶皱作用下被挤出。

　　火山喷发的本质可以总结为包含在硅铝壳中的硅镁质被挤压出来的现象。在地球表面我们也能找到许多可以证明这个理论的证据，其中最有力的证据就是弯曲形的岛弧。岛弧因为弯曲的缘故，凹陷的内侧不得不被压缩，凸出的外侧不得不发生龟裂。所以，一切岛弧的地质学构造都是一样的，内侧都有火山群，外侧则没有火山作用，只有明显的裂隙或断层。这种普遍性的火山分布规律对于我们探讨火山作用的本质等具有极其重要的意义。在安的列斯群岛上，我们可以看到其拥有一个火山活动的内带和两个外带。其中一个外带由较新的沉积物堆积而成，高度较小。关于火山活动性明显的内带与火山活动性较弱的外带相对立的典型例子，还有马鲁古（Moluccas）群岛和大洋洲群岛。再比如，在喀尔巴阡（Carpathian）或者华力西（Varistisch）山脉处看到的褶皱带内侧的火山分布，也是如此。维苏威、埃特纳（Mount Etna）、斯通博利（Stromboli）火山的位置，也与这种情况相符合。在火地岛与南极半岛之间呈弓形的安的列斯群岛中，弯曲得最强烈的南桑德韦奇岛的中央山脊也是由玄武岩构成的，其中还有一个至今还在活动的活火山。布劳沃讲过他在巽他群岛处看到的一件非常有趣的事：在最南端的两列岛弧中，只有弯曲成一个简单弓形的北列岛上有火山，南列岛（包括帝汶岛在内）上完全没有火山。南列岛的情况是与澳洲大陆架碰撞后，又反向弯转，而北列岛的一部分（也就是韦塔岛）也稍微反向扭曲——这是因为南列岛（帝汶岛东北端）挤压北列岛该部分造成的。北列岛的该部分地区过去也跟其他部分一样，有剧烈的火山活动，但现在已经全部寂灭了，这显然是因为该处被反向扭曲。布劳沃的研究还显示，隆起的珊瑚礁仅仅存在于没有火山作用的地方或火山作用已经寂灭的地方。这一点从侧面证明了我们的假设是正确的——在发生挤压收缩的地方，火山作用就会寂灭。这种说法听起来似乎有点难以理解，但是在我们的理论中，却能找到理所当然的解释。

专家评述与研究进展

　　大陆架是大陆向海洋的自然延伸，又叫"陆棚"或"大陆浅滩"。魏格纳把大陆架作为大陆块的一部分，这样便完成了大陆从地理学概念向地质学概念的转换。

　　根据大陆漂移学说，大陆山脉是褶皱形成的，这样没褶皱之前大陆的面积要大得多。假如把大陆块上所有的褶皱都展平，"硅铝圈可能曾经包围整个地球"，那时硅铝壳厚30千米，现在厚100千米。硅铝圈撕裂开来就形成或扩大了深海盆地，太平洋就是最早被剥去硅铝壳的地方。

　　硅铝圈可能曾经包围整个地球，还是硅镁圈曾经包围地球？目前主流的看法是太古代的原始地壳成分接近上地幔，硅铝质和硅镁质尚未进行较完全的分异，当时地球的表面还是海洋占有绝对优势，地壳很薄。太古代晚期形成了稳定的陆核，之后转变为原地台和古地台。元古代时的地球大部分仍然被海洋所占据，大陆性地壳逐渐由小变大，由薄增厚，岩性也从偏基性向偏酸性方向转化。

　　根据板块学说，大洋有从生成到消亡的演化循环，大陆有裂解，也有增生。板块学说认为在主动大陆边缘，岩浆活动引起酸性物质的不断增加，以及地体或岛弧与大陆、大陆与大陆的碰撞拼合作用等导致的陆壳不断增长扩大的现象，叫作大陆增生。大陆增生原来是19世纪丹纳提出来的，当时没有被普遍接受，在板块学说兴起之后逐渐为人们所接受。

魏格纳认为硅铝圈厚100千米，现在看来显然有误差。根据地震探测，大陆地壳多为双层结构，即在玄武质岩层之上有很厚的沉积岩层和花岗质岩层，相当于魏格纳提出的硅镁层及其上的硅铝层。大陆地壳厚度较大，平均厚度为33千米，我国青藏高原处的地壳厚度最大可达80千米。

之所以魏格纳认为硅铝圈厚100千米，一个原因是大陆漂移需要大陆浮在硅镁层上，也就需要硅镁层达到较高的温度。实际上，大陆块硅铝层厚度为10~40千米，以一般的地热梯度，硅铝层底部温度远远达不到使硅镁质物质熔融的程度。板块学说主要考虑岩石圈板块的水平移动，岩石圈平均厚度为100千米，因此岩石圈之下的软流圈深度为80~400千米，也是地震波的低速层，具有较高的温度和部分熔融的介质，这样也可以提供使上覆岩石圈大幅度水平移动所需要的流变性（低黏滞系数的低速层）。

虽然板块不只涉及大陆，但是大陆仍然是板块的灵魂。大陆载有地球最古老的故事，发生着最复杂、多样的变形：升、降、开、合、扭。褶皱，断裂，沉积，造山及主要的地震、火山活动都发生在大陆上或者与大陆有关。

魏格纳论述了火山内带和外带火山活动的差别。魏格纳认为"火山作用实质上是硅镁质包裹体从硅铝壳内被挤出"。魏格纳的"硅镁质包裹体"或者说"末梢岩浆库"相当于现代火山学中的"岩浆囊"。

岩浆囊是地壳中岩浆在从上地幔到地表的途中暂时存储的部位，也是熔融岩石汇聚的部位。魏格纳认为岛弧火山是由于弯曲而挤出了硅镁质包裹体的结果，现在人们认识到岛弧火山活动一方面是由于俯冲板块的摩擦力转换成热，提高了岩石的温度；另一方面是由于海洋地壳水的析出降低了岩石的熔点。不过宏观地讲，岛弧火山与板块的挤压有关的观点是对的。在现代火山弧中，如果板块运动形成正面俯冲，挤压分量较大，则火山活动相对强烈；如果板块斜向俯冲，则火山活动相对较弱；如果板块边界变为走滑错动，则这段边界上缺失火山活动。

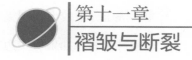

第十一章
褶皱与断裂

　　1878年，海姆在他的《造山运动的力学研究》一文中，解释过大褶皱山脉是因为地壳的明显压缩形成的。后来，人们在阿尔卑斯山脉上发现了因受强大的压缩力而形成的覆瓦状平推褶皱，他的理论因此被广泛传播开来。海姆按照他的新理论计算和总结了阿尔卑斯山脉被压缩的结果，之前他估计为长度被压缩至原来的1/2，后来又修正为1/8~1/4。后来，阿姆斐雷尔（Ampferer）提出了一个假设：深层具有流动性的岩浆，从两侧合流后，在向山脉下方潜入之际，上面的岩层也会受到影响并同时活动（底流）。之后科斯马特又提出了一个观点，他认为山脉的弯曲及很多山脉都有群集为扇状的现象，这可能是巨大的地壳水平移动导致的："大多数以地球地形和构造为对象的基础考察，无论是哪种说法，如果要说明山脉的成因，都一定要把地壳的大规模水平运动纳入考虑。"他的理论其实已经非常接近大陆漂移学说了，只要把他的理论再向前推进一步，就可以说明喜马拉雅山脉是地壳的大长片遭遇了巨大的前进冲断层①继而隆起形成的，而这个长片的南端（现在的印度）过去位于马达加斯加岛附近。

① 　在地质学中也常被称为逆冲断层，它是指断层层面倾角小于30°的低角度逆断层。逆冲断层一般总是将老地层推覆到较新的地层之上，造成地层在垂直方向上的重复叠置。——译者注

泰国湾上的层状
岩层褶皱

　　随着水平冲断层学说的发展与完善，其他一些解释山脉成因的理论也如雨后春笋般涌现出来：有的认为山脉的形成是火山的力所致，有的认为是造成结晶的压力所致，有的认为是化学变化的力所致，还有的学者认为是火山熔岩入侵形成的膨胀力所致。总之，他们都认为造山运动是内部力造成的。上面列举的其他学者提出的山脉成因，虽然有时也会对造山运动施加影响，但我认为这些理论都有点偏狭，无法真正解释造山运动，因此这里也就不再细述了。

　　要想了解褶皱作用，我们最应该注意的是重力测定。科斯马特曾经在一篇颇有趣味的论文中，对中欧地区进行了重力测定研究。中欧重力异常图是他研究结果的核心内容。这里与一般的地方相同，重力的实测值是将地球表面的起伏忽略不计，从海平面开始算起，然后换算为在该海平面上所测定的数值。也就是说，除了把地球表

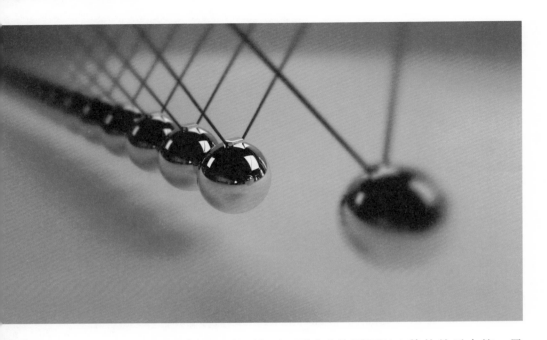

牛顿摆，20世纪60年代人们发明的桌面演示装置，又叫牛顿摆球、动量守恒摆球、永动球、物理撞球、碰碰球等

面设想为平面外，还要减去海平面以上物体的重力值。最后，把换算后的实测值与该处地理学纬度的标准值进行比较，将两者的重力差（即重力异常值）记录在中欧重力异常图中。从该图上我们可以很清楚地知道山脉下方存在重力异常，这也意味着质量不足，山脉本身则作为地壳进行均衡补偿。"研究到这里，我们必然会理解过去一些地球物理学者（包括海姆）所得出的结论，即发生这种不足的原因不在于内部组织的膨胀松散，而是因为较轻的上层地壳因褶皱而加厚，同时此褶皱块在生成时被压陷到黏性流体的下层中所致。这样的褶皱山脉，不仅在向上生长，而且会因为重量而向下沉降。就像海姆所说，因褶皱隆起的地方，在相对的下方会有厚度更明显的褶皱。"因此，在该图中，我们还可以大致观察到硅铝壳下方高低起伏的状

中欧重力异常图（科斯马特）

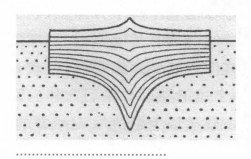

未经地壳均衡影响的压缩图

况。例如，重力异常值最大的阿尔卑斯山脉下方，也是硅铝壳下部沉陷于硅镁层中最深的地方。

如果在重力的实测值中不减去水平面以上质量（隆起）的影响，在山脉地区我们恐怕就无法得到明显的重力异常值，只会得到与标准值略有出入的"正常值"。这是因为地下部分的质量不足与水平面以上的质量过剩进行了抵偿，所以在山脉中得以保持地壳均衡。以上结论是普适的，无论在新的山脉中还是老的山脉中都适用，所以我们就得出了一条法则：山脉的褶皱是为了保持地壳均衡的压缩作用。要想真正明白这个法则的意义，我们来看看未经地壳均衡影响的压缩图。上浮在硅镁层中的陆块被压缩时，在硅镁层之上的部分与之下的部分会保持同一比例。现在我们假定陆块的厚度是100千米，从硅镁层中露出的部分是5千米，那么比例就是1:20，被压缩而发生褶皱的下沉部分厚度是露出部分的20倍。这就意味着，我们所看到的山脉不过是"冰山一角"，它们只是因压缩而褶皱在一起的一个整体的极小部分，并且只

是在压缩前就已经位于深海海底上部的那些地层。深海海底下面所有的地层，如果没有特殊情况，压缩后仍然位于其下。因此，如果陆块的上部是由厚5千米的沉积层组成的，那么山脉一开始也应当由沉积层组成。但是之后该沉积层逐渐被侵蚀了，为了保持地壳均衡，由原岩组成的中轴山脉开始逐渐上升，最终在沉积层全部剥蚀后，与之高度几乎相同的原始山脉就出现了。

喜马拉雅山脉及其周边的各山脉都被认为是上述第一阶段的例子。在该处的沉积层褶皱中，侵蚀作用进行得尤其剧烈，冰河几乎被埋于岩屑的下方。例如，喀喇昆仑山脉中最大的巴尔托洛冰川（Baltoro Glacier），其宽度有1.5~4千米（长5~6千米），却负荷着15条以上的中碛（Medial moraine）①。第二阶段的中轴山脉虽然由原岩组成，但是在两侧的部分地区还有沉积岩地带，这种情况也可以在阿尔卑斯山脉上看到。因为原岩的侵蚀极少，所以阿尔卑斯冰川中的中碛非常少，这也是阿尔卑斯冰川壮美的主要原因。最后，挪威的各山脉可以作为第三阶段的代表。这里的沉积

①　中碛，位于冰川中间的冰碛。冰川消融后，常形成沿冰川谷延伸的中碛堤（垄）。——译者注

地球海平面上升概念图。海平面是指假设某一时刻没有潮汐、波浪、海涌或其他扰动因素引起海面波动，海洋所能保持的水平面

海洋中的冰山3D图。每年仅从格陵兰西部冰川处产生的冰山就有约1万座。在冰川或冰盖（架）与大海相会的地方，冰与海水的相互运动，使得冰川或冰盖末端断裂入海，成为冰山。一座浮在海洋上的冰山，一般只露出10%的体积，其余90%都隐藏在海面之下

冰川中的冰碛（冰川沉积物），过去常称为泥砾层，一般是由碎屑物组成，大小混杂，缺乏分选性，经常是巨大的石块和细微的泥质物的混合物；无成层现象；含有适应寒冷气候的生物化石，如寒冷型的植物孢子等。本图中的冰碛中就含有大量的角树花粉

层已完全被剥蚀掉了，原始山脉已经完全上升。覆盖着山脉的沉积层被侵蚀干净，是为了保持地壳均衡而进行的自我调节。

另外，对于褶皱山脉大多是非对称的现象，我们也要做一点简单的说明。当我们走近一条山脉的时候，可能会看到这样的情形：山脉的一边，整体上地势在逐渐增高，会出现山地、丘陵之类的地貌；但另一边，通常能看到紧挨着主要褶皱系的"纵谷"[①]。这一点，过去已经有很多人发现并记载下来了。我们现在再来看，这样的现象其实很容易解释，即在褶皱时，被压陷至地壳深处的硅铝块在该处向外扩张，其中一部分移入未褶皱的地壳下方，该部分地壳被托举了上来。这样一来，原来褶皱山脉的高度当然会因此降低一定的数值。如果地壳静止地浮于硅镁层之上，那么上面所说的深层硅铝

① 纵谷是与构造方向一致的河谷，分为向斜谷、背斜谷、单斜谷和次成谷等。——译者注

质也就会相应地向两侧做对称扩展，但如果该部分地壳（褶皱运动另当别论）整体在硅镁层上方移动（这是常有的情况），那么硅铝块就一定会偏向一方扩展。毫无疑问，欧洲和亚洲大陆板块一直都在向赤道方向漂移，也就是相对于硅镁层在做向南的运动；与此同时，欧亚大陆也跟其他大陆相同，在向西漂移。这种复合运动的结果导致大陆块相对于硅镁层做着向西南方向的漂移运动，而在其下方的硅铝块就不得不向东北方向扩展。实际情况如中欧重力异常图所示。这种重力异常值的变动，也就是沉陷于地壳深处的硅铝质向一方流动的现象，在亚平宁（Apennine）山脉处表现得最为明显。阿尔卑斯山脉质量不足的区域一直延伸到了东北方波希米亚的北界和德国中部，与之相反的质量过剩的地带则从南方扩展到了阿尔卑斯山脉的下方，这里的情况表明硅铝块并不会被压沉至相当于其表面褶皱高度的深度。不仅如此，地壳均衡造成的偏差在该处也极其明显。上述

岩石圈、褶皱山脉剖面示意图

情况，通过我们下面的考察就能够解释清楚。看一下中欧重力异常图，我们就可以知道该处地壳的基面处在很高的位置上。理论上，为了保持地壳均衡，该处的地壳应该比其他地方薄。也就是说，陆块的表面应低于海平面。但是从另一方面来看，如果该处地壳的表面都在海平面以上的高处，那么这样的情形只有破坏了地壳均衡才有可能发生。事实上，该地带的地壳也可以与邻近部分的岩层固定连接在一起，借以维持其均衡位置以上的高度。从科斯马特所绘的地图上我们能大致看到这些均衡偏差值。

通常来说，褶皱山脉处的沉积层都比邻近的非褶皱地域的沉积层厚。霍尔很早就注意到了这一点，我们对此可以做这样的解释：这样的地区在未发生褶皱之前，就已经存在比周围区域更厚的沉积层。后来因为这样的情形极为普遍，地质学者们便对这种现象格外注意。这些沉积层厚度虽然也有很多处达到了数千米，但因为它们只能在浅海区域形成，所以我们只能假定其形成过程是这样的：沉积作用不断进行，一方面造成了堆积，另一方面，陆块也以同样的节奏沉降着，所以地面总是维持在同一高度上。霍尔认为之所以会这样，是因为沉积物重量引起了地壳均衡的补偿运动。在他看来，其原因与陆块内陆冰的重量沉降一样。但为什么恰好是具有这样厚度的沉积层日后会发生褶皱作用呢？我们通常把有深厚沉积层的地方，称为单向斜谷（大向斜）。豪格的研究显示，山脉是由地槽形成的。但在我看来，山脉是由大陆架形成的，可能更为恰当一些，因为一个边缘大陆架（例如形成南美安第斯山脉的边缘大陆架）就很难称为一个地槽。为什么大陆架容易发生褶皱呢？理由其实前文已经提过了，因为大陆架区域包含的硅镁质"熔融体"最大、最多，因此通常具有很强的可塑性，而大陆架区域的硅铝层较薄，容易被击破。利德（Reade）还曾指出一点：深厚的沉积层在形成时，下方的原岩被压陷在灼热的高温区域，因此具有了较强的可塑性。可能正是这些原因的共同作用，才形成了上述现象。

　　观察一下褶皱山脉的位置和分布，我们可以得知它们在下述两个区域更为突出，那就是漂移陆块前面的边缘及赤道地区。其中，表现得最为明显的就是第三纪大褶皱时期的山脉。在该时期，美洲、澳大利亚、新几内亚陆块前面，以及自亚特拉斯山脉，经阿尔卑斯、高加索山脉至喜马拉雅山脉的第三纪赤道带中，都发生过主要的褶皱。总而言之，硅镁层具有黏性流动性，硅铝层具有刚性，所以在陆块移动前面的边缘处造成褶皱很容易理解。为了更好地说明，我们还是再谈一下火漆与蜜蜡的比喻：硅铝块应视作蜜蜡似的固体，如果移动的力超过了一定的限度，硅铝块就会发生褶皱；而硅镁块会像火漆一样流动，但这需要非常漫长的时间。

　　上面所说的两种褶皱，即前缘褶皱与赤道带褶皱，大体上与陆块的两种运动（向西漂移、离极漂移）相对应。这个规律又与古老时代（尤其是石炭纪）相适应，在成为安第斯山脉基础的旧褶皱系或者自北美经欧洲至

喜马拉雅山系的一处雁行褶皱山脉

东亚的古老时代赤道地带的山系中，都可以看到这种情形。

平行排列的褶皱山脉多数呈雁行排列。这意味着如果沿着其中的一条山脉一直走下去，迟早会走到该山系的边缘，这个山系就在脚下消失了，但是其内侧的另一条山脉又取而代之。沿着这条山脉再走一段距离，你会发现该山系也消失了。这样持续地走下去，同样的情形就会不断重复，一直到走完全部雁行状排列的山脉为止。之所以会出现这种现象，是因为硅铝块与硅镁块不仅在做相对运动，除了这种推进力，还存在一种横向滑开的移动力。关于两者间相互作用的不同结果，我们可以看一下下图。现在我们假设左边的地块固定着，右边的地块具有流动性，这时如果运动的方向与陆块面成直角，则不能造成雁行褶皱，而会造成大褶皱（平推褶皱或逆冲断层）；如果运动方向为斜角方向，就会产生雁行状褶皱，而运动方向与陆块边缘越平行，褶皱山脉就越狭窄、越低，完全平行时，就形成了叶状水平移动的滑面；如果朝远离陆块面的方向运动，就会因方向的不同而产生斜断裂或与陆块界面平行的分裂，从而形成裂谷。上述问题我们用一块桌布就可以很简单地表示出来：我们将代表固定地块部分的布用重物压住，让其他部分与该部分做相对运动，这样我们就能看到上面所说的褶皱与断裂了。

上面所提到的研究与考察说明了一个事实，褶皱与断裂其实是同一过程的不同结果。这个过程就是陆块各部分做相对运动，结果会从正常褶皱到正常断裂，由前一形态到下一

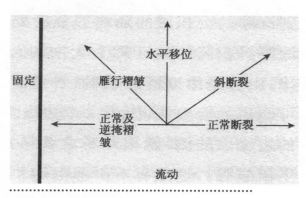

由于陆块向不同方向运动而产生的褶皱与断裂

形态出现各种连续的变化。所以，我们最好再把断裂的过程描述一下。

地球裂谷中最好的例子应该是东非大裂谷了。东非大裂谷形成了一个大规模断裂系，向北通过红海、亚喀巴湾（Gulf of Aqaba）、约旦河谷至托罗斯山脉（Taurus）[1]的边缘（右图）。最近的研究显示，这个巨大的断裂向南一直延伸到了好望角，但最发达的部分还是在东非。乌利格在书中做了如下记述：从赞比西河向北，一个宽50~80千米的裂沟（包括希雷河以及马拉维湖）在转向西北方向后消失了。接着，在靠近东非大裂谷的地方另有平行的坦噶尼喀湖（Lake Tanganyika）裂谷。坦噶尼喀湖很大，湖深1.7~2.7千米，岸壁陡坡高达2~2.4千米，个别地方甚至可以达到3千米。坦噶尼喀湖裂谷还包含了由此向北延伸的鲁济济河、基伍湖[2]、爱德华湖以

∷∷∷∷ 裂谷
▰▰▰▰ 被水淹覆的裂谷部分

东非大裂谷（苏潘）

---

① 托罗斯山脉，土耳其南部的山脉，由东南、中、西三段组成，呈雁行式排列，全长约1200千米，西段宽75~150千米，海拔2000米。——译者注

② 基伍湖是非洲中部最高的湖泊，也是非洲的大湖之一。它位于刚果民主共和国与卢旺达的边界处，处于东非大裂谷中，由断层陷落而成。——译者注

及艾伯特湖。裂谷的边缘在地表上高高耸立着，这是因为地壳分裂时岩浆迅速上涌形成的。这种岩浆型高原边缘高耸的地形使得尼罗河发源于坦噶尼喀湖的东坡，而坦噶尼喀湖最终流入了刚果河（Kongo）[①]。第三个明显的裂谷位于维多利亚湖的东面，由这里一直向北延伸，直到鲁道尔夫湖，然后在阿比西尼亚高原处转向东北延伸，也就是从这里开始，一部分与红海相连，另一部分又与亚丁湾相连。在海岸线附近或者东非内陆地区，这些主要的断层都是以阶状断层的形态向东逐渐下降的。

东非大裂谷图中裂谷底部的黑点表示的大三角区域是非常有意思的，它被夹在阿比西尼亚与索马里半岛之间，具体地说，是位于安科贝尔（Ankober）、柏培拉（Berbera）以及马萨华（Massowa）之间。这个比较平坦且海拔较低的大三角区域完全由新的火山熔岩构成，很多学者认为它是裂谷的底部过度扩张造成的。这个理论如果单由红海两海岸线的趋向来推测，似乎是正确的，因为两侧的海岸线在其他地方都是平行的，唯独在这个大三角区域有个明显的凸出。如果我们把这一部分除去，那么对岸对应的阿拉伯半岛的岬角正好可以填充这个位置。我们在前面已经说过，这个大三角区域的成因是阿拉伯山脉下层的硅镁质向东北方向扩展，然后在陆块边缘暴露出来。而这个裂隙，大概因为当时已充满了硅镁质，所以硅铝块在向上隆起时，就把上层的硅镁块抬升了起来。还有一种可能是嵌在涌出的硅铝块中的巨大硅镁块被挤了上来，就像冰岛那样。总之，如果我们从该地区的隆起远高于海平面这点上看，那么这些熔岩下面必定有硅铝块的存在。

东非这些脉络状断层的形成时间，应该是地质史上较近的时代。这

[①] 由坦噶尼喀湖流出的河流主要是卢库加河，这一条河流最后汇入了刚果河的主源头河流卢安巴拉河。——译者注

坦噶尼喀湖。坦噶尼喀湖南北向分布，呈条状，长达 670km，东西宽仅 48~70 千米，是世界上最狭长的湖泊

肯尼亚东非大裂谷全景。东非大裂谷自红海至赞比西河口，连绵三千里，从太空都能看到这里是多姿多彩的地方，有喷发的火山、覆盖着森林的高山、美丽的峡谷、广袤的草原

些断层在很多地方都有切断了较新的玄武熔岩的情况，还有不少地方切断了上新世的淡水沉积层。依据这些情况来看，我们可以断定这些断层绝非形成于第三纪末期之前。再依据位于裂谷底部、标志着高水位的上升湖滩（远高于水面）来看，它们应该在第四纪已经存在了。我们还有一个例证，那就是坦噶尼喀湖中存在着一些以前明显生活在海中后来逐渐适应了淡水环境的遗存生物，这也证明了该湖的形成是在早期。不过，该断层带经常发生地震及火山活动，这可以证明其分裂过程现在仍然持续着。

　　关于裂谷的成因等问题，我们基本上已经说得很明白了。如果有什么需要进一步解释的，那么应该是裂谷是否代表着两块大陆即将完全分裂。换句话说，这个裂谷究竟表示断裂刚刚开始，还是断裂的过程在很早之前就已经完成，之后因为张力减弱而陷入了静止状态呢？按照我们的学说，两个陆块完全分离的过程应该如下图所示。首先是在脆性较强的上层产生一个裂隙，而可塑性较强的下层仍旧连接着，但是这时候因出现断裂而形成的高而俏的陡壁使得岩石抗压能力下降，所以在裂隙形成的时候，也形成了一种倾斜的滑面，慢慢替代了陡壁，位于滑面两侧的两个陆块边缘的部分岩石就会滑落到不断扩大的裂隙中。这样在裂谷底部就形成了可以看出岩石层序的断层地块。在这个阶段中，裂谷处的地壳均衡还未完全完成，据科尔斯绪特的研究，东非大裂谷的大部分都处在这样的状态中。在这种状态下，其质量不足尚未补偿平衡，所以通过实测结果，我们可以看到重力异常的情况。不但如此，因为裂谷两侧为保持地壳均衡而隆起，这样就会让人产生裂谷贯穿一个长形背斜的背脊的错觉。在莱茵河地堑两侧的黑林山和孚日山（Vosges）两条山脉就是大家熟知的边缘隆起的最好证明。等到裂隙发展到足以将陆块切断时，硅镁层就会从这中间上浮，正好补充了此前的质量不足，于是整个裂谷又恢复为地壳均衡状态。这时裂谷底的大部分区域都会被从边缘滑落下来的碎片掩盖，之后裂谷开裂幅度继续扩大，硅镁层最终会裸露到表面上。据特雷尔齐（Triulzi）和赫克尔的研究，红海处的大裂谷已经达到地壳均衡状态，其深处的硅镁层已经上浮，接下来如果两个陆块的分裂进一步扩大，那么从边缘崩落的碎片就会形成岛屿，遗留在硅镁质上层。此时会出现的情况是，这些岛屿的高度可能会与大陆水平面高度相等，甚至更高，但厚度绝没有大陆块那样厚，不过沉陷于硅镁层中的部分要比露出来的部分大得多，因此深海海底以上部分的质量与以下部分质量的比例，也必然大致等同于大陆块浮在硅镁层上与沉陷于硅镁层内的质量比例（见前文）。总之，上面关于裂谷性质的见解与现在公认的一些理论绝不矛盾，反而是相互补充的。

　　有时一个地方虽然只有一个裂隙，但是这个裂隙可以演化成一大片脉络状的小裂隙（如网状的东非裂谷延伸到红海区域后变为一条裂隙），爱琴海就是一个很好的例子。广大的地域在最近的地质时代中碎裂为多个地块，沉入不同的深度中，这时岩石层的下层就伸长了，裂谷越向下，缝越小，直至消失。至于岩层下层伸长的距离，我们可以依据倾斜的断裂面的露出部分计算出来，如下图所示。此外，像上面所说的陆地连接处沉陷的情况还有很多，塔斯马尼亚岛与澳洲之间的巴斯海峡就是一例。但是我们也要说明一点，即沉陷的深度是有某种限制的，所以很可能沉降着的碎片

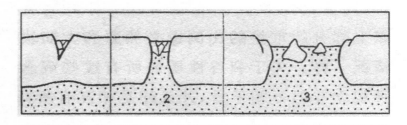

裂谷与陆块分离的过程示意图。
1—大陆因拉张而形成大陆裂谷；2—陆壳完全张开，出现狭窄的海湾；
3—两个陆块继续分离，大洋不断增生

还没有到达深海海底的深度，这两个陆块就已完成
分离过程了。按照我们的推测，英吉利海峡、北海
（英国）以及英国其他一些以前是陆地的地方，现
在都已经沉陷并成为英国周围的大陆架了。上述沉
陷过程应该都发生于纽芬兰与爱尔兰分离之前，但
这些部分仅仅成了浅海的大陆架，陆块的完全分离
发生在更偏西一点的地方。

　　如果我们观测一下硅铝壳主要裂隙的方位，就
可以发现一个现象：虽然这些裂隙各异，没有什么
规则可循，但总的来说，大多呈南北走向。上述东

冰岛的平位利尔国
家公园。位于一个
裂谷中，这个裂谷
标志着大西洋洋中
嵴的顶峰

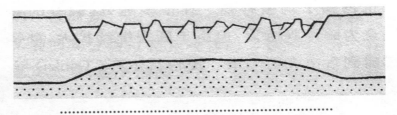

由于地壳下层伸长而形成的大规模陷落（示意图）

非大裂谷和形成于渐新世时期的莱茵裂谷就不用说了，就连大西洋的大裂隙，参照第三纪时地极的位置来看，其走向也是南北走向。非洲东海岸的裂隙也是一样的情况，而南美、南非、印度大陆向南的尖角，也都可以看作朝向地极的南北走向方向的断裂。

专家评述与研究进展

　　本章魏格纳论述了大陆漂移学说对大陆地区褶皱与断裂形成原因的解释。他提出阿尔卑斯山和喜马拉雅山都是经历巨大的逆冲断层而形成的。山脉起源于褶皱，而褶皱的形成需要大规模的地壳水平运动，他认为造山运动的主要原因是地壳的水平运动。如阿尔卑斯山的岩层被压缩了1/8~1/4，喜马拉雅也经受巨大的逆冲断层。

　　当时占统治地位的槽台（学）说认为，地槽下降接受巨厚的沉积，后期受挤压抬升，发生褶皱和断裂，同时出现中、酸性岩浆活动。槽台说认为地壳运动主要受垂直运动控制，水平运动则是派生或次要的。

　　魏格纳运用重力均衡解释山脉隆起，认为山脉处的褶皱是在地壳经受水平挤压时保持均衡下的一种压缩——不仅有地表的抬升，而且在地壳深部有下沉的山根。魏格纳展现了与槽台说不一样的盆地和山脉的形成过程。盆地和山脉的形成不仅涉及当地的地层与构造，还受到远处地壳水平运动的作用。

　　魏格纳认为，喜马拉雅山是大面积地壳经受巨大的逆冲断层而形成的。现代研究证实了他的论点。Le Pichon等（1992）计算了喜马拉雅山及青藏高原的地壳缩短量，结果表明地壳缩短量最大可达2000千米，东西两端较小，地壳缩短量也有400~600千米。造成地壳缩短的原因是印度板块的大尺度北上，新生代初期，印度板块加速北上，6500万年间运移了4800千米。这样造成印度板块俯冲到欧亚板块之下，同时形成巨大的逆冲断层与褶皱。

魏格纳还描述了东非大裂谷的地质。他所描述的从裂谷形成、大陆分离到两陆块间海洋扩大的过程，相当于后来威尔逊旋回的早期三阶段。现在我们对东非大裂谷有了更加详尽的认识。东非大裂谷处于非洲板块和印度洋板块交界处，大约3000万年以前，两个板块张裂拉伸，产生相分离的大陆漂移运动而形成该裂谷，同时，在该裂谷下还存在一个阿法尔地幔热柱。

盆地下沉往往伴随着岩石圈与地壳减薄，地表下沉仅仅是地壳减薄后重力均衡的结果。魏格纳从单一裂谷推广到一大片网络状的小断裂，他认为"这必须假定岩石圈的下沉伸长了，裂隙向下逐渐消失"。这种断裂现在被称为铲式断裂，我国许多伸展构造的沉积盆地（如华北盆地）大量发育有这种断裂。魏格纳还认为"岩层伸长的水平距离可以从倾斜的断裂面上量算出来"。近年来McKenzie的拉伸与减薄模型已经发展成盆地演化的定量分析方法，应用该方法可由拉伸量直接算出沉积过程，已经被广泛应用于油气田分析。

　　在陆块边缘的深海海底之下，存在着一个基本垂直的硅镁层与硅铝层的分离面。这个分离面不是那种轻物质层与重物质层的自然分层面，而是硅铝块的固体性导致的。这里有一种特别的力作用着，这种力一直尝试着将该处的物质按照自然层次顺序排列，于是就与该陆块的分子力相对作用着。本章主要讨论这个现象。

　　我们在陆块边缘可以发现一种特有的重力异常现象。这种现象的最初发现者是萧兹，他在弗拉姆号考察船航行到北冰洋大陆架的边缘时，曾做过重力测定，并且发现了重力扰动。之后，赫尔默特对这种现象做了细致的计算和研究，见下页的大陆边缘的重力扰动图：从陆地开始逐渐走向海边，重力值持续增大，到了海岸处重力达到最大值；从海岸处往下，重力急剧下降，到深海海底达到最小值。从这一点到海面，重力又逐渐增加，到离海岸非常远的地方再度回归标准重力值。产生这种重力异常现象的原因，我们可以大致总结为：观察者从重力为标准值的陆地走向重力最大值的海岸时，相当于走向位于其侧下方的深海海底的硅镁层。虽然这种重力过剩因4千米厚的陆地表层被较轻的海水置换抵消了一部分，但是对于海岸上的观测者来说，较轻的海水并非位于观测者的下方，而是位于侧方，所以不但没有减轻硅镁层的影响，将重力降至标准值，反而因为大陆基台的吸引形成了垂直偏

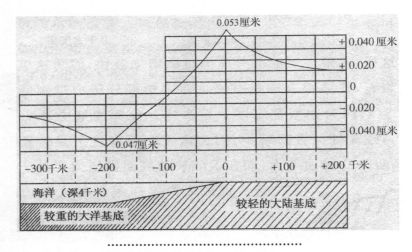

大陆边缘的重力扰动图（赫尔墨特）

差。如果观察者从海面上逐渐接近海岸，情况就恰好相反，因为观察者下方的质量持续减少，重力值也持续降低，需要注意的是，陆地一边质量的不断增加只能影响重力的方向，无法影响重力的数值，因此产生了最小的重力值。

我们知道岛或者群岛是漂浮于硅镁层中孤立的硅铝块的上部，相当于置身重力扰动区，它们的周围都存在重力异常现象。因此在岛上（特别是岛屿岸边），重力值总是大于标准值，而在岛屿周边的海洋上，情况正好相反，重力值都是在标准值以下。上述情况，解开了一个古老的科学谜团——在岛屿上用重力摆测重力，重力值总是超过标准值。很多学者曾经认为太平洋群岛在深海海底上矗立的纯粹火山锥体，仅仅靠着深海台地支撑着它们的重量。这种理论如果从重力测定的结果角度看，明显是不成立的。这样的见解，还不如加盖尔对加那利群岛、豪格对太平洋群岛的解释来得周全，即认为这些岛屿都是硅铝圈的零散碎片，在大多数情况下它们已经完全被熔岩覆盖，硅铝块的核心也被深藏起来。重力测定的结果倒是

北冰洋冰冻的海岸和白雪覆盖的山脉

火山岛留尼汪岛景观。留尼汪岛上的富尔奈斯火山在 1640 年后喷发了 100 次以上。最近一次火山喷发时间为 2016 年 9 月 11 日。因为其火山特性和所处气候类似夏威夷火山，故被叫作"夏威夷火山的姐妹"

留尼汪岛上的瀑布

支持这样的理论。

　　上述情况还可以从其他方面来考察，这样刚好可以直接解释大陆边缘处的各种效果。陆地上的压力法则当然跟海洋上完全不同，大陆块内部的压力总是随着深度的增加而增大，也就是说，压力与深度成正比。如果对比一下同样深度中的大陆块压力与深海台地部分的压力[①]，我们就会知道大陆块压力（不包括陆块表面及底面）比深海台地部分的压力大。

　　如果我们以第三章中"两个频率较高的高程"图中的数量比例为依据来计算，那么大陆台地的压力过剩值应为：

海拔 100 米的地方	过剩压力	0 个标准大气压
海拔 0 米的地方	过剩压力	28 个标准大气压
海面以下 4.7 千米的地方	过剩压力	860 个标准大气压
海面以下 100 千米的地方	过剩压力	0 个标准大气压

海面下最上层部分的压力过剩增加得非常快，这是因为该部分在陆地上是岩石，但在海洋上是空气；在中层部分，过剩压力增加的比例降到最上层的2/3，这里的上方是海水；最下层是深海海底，过剩压力最大。从这里继续往下，过剩压力开始减小，这是因为深海区域下方有较重的硅镁层，而我们知道，压力在硅镁层中是随着深度的增加而增加的，所以过剩压力随之减小。最后到了陆块的底部，两方面的压力处于均衡状态。这种压力差，在垂直的大陆边缘产生了力场。这种力场在努力地将大陆台地的物质挤压到大洋深海底层中去[②]。

　　因此，如果硅铝层具有流动性，那么这样的深度就会渗透进去，但

---

①　严格来讲，这里所说的压力，应该是垂直方向的压力。鲁兹基的研究显示，作用于一个立方形固体物质上的压力有6个，即与面作直角正常压缩的力有3个，与面作沿切线的拉力有3个。膨胀可以被认为是负的压缩，压缩力有正有负。现在，我们不妨认为产生移动的拉力是不存在的。

②　威利斯认为，英国是较重的海洋岩层向陆块的深层中挤压，与上述理论完全相反。

海岸处的褶皱

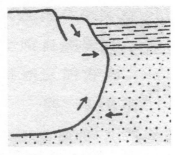

大陆边缘受压的后果（示意图）

实际上，这样的情况并没有发生。在这样巨大的压力下，硅铝层只是表现出了它的可塑性——相比之前有明显的变形。我们在大陆边缘处经常能看到的阶梯状的断层，就已经可以表明这一点（左图）。较深的可塑性层边缘的前向流动也说明了大陆边缘已开裂，远远分离的事实，如南美洲与非洲，其海岸线远比大陆坡与深海海底的界线保持着更好的平行性。

海岸附近之所以有火山频繁活动，是因为嵌在陆块中的硅镁质熔融体因上面所说的压力被挤出来了。特别是对大洋中被这种力场环绕的岛屿来说，这种解释最为贴切。

当具有可塑性的大陆块被内陆冰川覆盖时，大陆块的边缘就会形成一种特殊的力。

挪威西部孙尼尔夫
峡湾的壮丽景色

做一个简单的比喻，如果我们在一块具有可塑性的饼上放上重物，这块饼就会因为受到重压而减小厚度，同时这块饼还会在压力下做水平方向的伸展，它的周边则会产生裂痕。这就是峡湾的形成过程。这种峡湾①大多位于过去曾被冰川覆盖的海岸（如斯堪的纳维亚、格陵兰、拉布拉多、北纬48°以北的北美太平洋海岸、南纬48°以南的南美太平洋海岸以及新西兰南岛等地）。格列高里（Gregory）曾经对峡湾的形成原因和形成过程进行过广泛的调查，根据调查结果，格列高里认为峡湾是因断层生成的，但他的研究至今还未引起足够的重视，这是非常可惜的。现在流行的理论为峡湾是侵蚀谷，但是依照我在格陵兰及挪威考察的结果看来，这显然是错

① 峡湾是两侧岸壁平直、陡峭，谷底宽，深度大的海湾。峡湾是冰川与海洋共同作用的结果，数万年前巨大的冰川切割海岸边的大地，形成一道道槽谷，而当冰川消融后，海水倒灌进槽谷，便形成了峡湾。——译者注

误的。

　　根据对大西洋的大陆边缘进行多次深度测量所得的结果，我们发现了一种特殊现象——在海底可以看到陆地河谷的延续。如圣劳伦斯河的河谷就穿过了大陆架部分，一直延续到了深海海底附近；哈德孙河的河谷也有同样的现象（其一直延续到入海达1450米的深度处）。在欧洲，我们也能找到这样的例子，比如塔古斯河口的外延以及阿杜尔河口以北17千米处的布雷顿角海凹都有海底河谷的延伸。但是这种现象最经典的例子，非南大西洋的刚果河海沟莫属，它的河谷向外延长到了2千米的深度处。按照一般的说法，这些都是从水面以上逐渐下沉到水面以下的侵蚀谷。但是，这种说法无法自圆其说。第一，按照这种说法，沉降的幅度大到了不可能的地步；第二，不可能分布得如此普遍（如果以后不断增加深度测量的数目，恐怕我们在所有的大陆边缘都能发现这种海沟）；第三，只有部分河

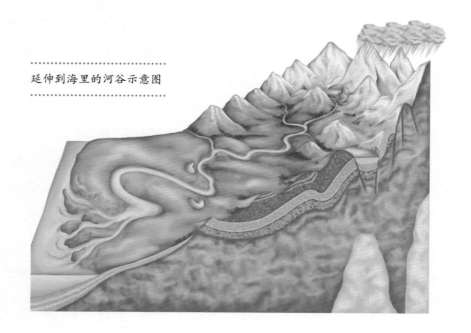

延伸到海里的河谷示意图

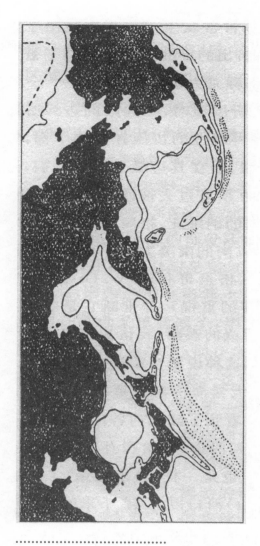

东北亚岛等深线 200~2000 米

口外存在这种现象，在河口中间却看不到这种现象。综上所述，我认为只能这样来解释这些海底河谷，即它们也是大陆边缘上生成的裂沟，不过已经被河流利用。圣劳伦斯河河床带有裂隙的性质，这一点已经获得了地质学证据的支持。布雷顿角岛的海凹也得到了解释，因为它位于比斯开湾深海裂谷内部的最上部，就像打开的一本精装书一样，依据它的位置来考察，也跟我们上面得出的结论相符。

在大陆边缘的地理现象中，最有趣的是岛弧。其中，亚洲东海处岸的岛弧最为发达，岛弧在太平洋上的分布范围广、规模大。如果我们把新西兰岛看作以前澳洲板块的岛弧，那么太平洋西海岸可以说全部都由岛弧包围着，但在它的东海岸，情况正好相反。不过在北美，在北纬50°~55° 也有与陆块分离的群岛，如旧金山附近也有海岸的弧形凸起和加利福尼亚海岸山脉的分离等。我们可以把这些看作发育不完全的岛弧（岛弧形成的初期阶段）。至于南半球，我们可以把南极大陆的西南部视为岛弧（这样一来，南极大陆就有了二重岛弧）。概括地说，这种岛弧现象可以指示出大陆块在太平洋西部漂移着，移动的方向大概是西北偏西。如果按照第四纪时期的地极位置，就是漂向正西方。这时的方向与太平洋的长轴（连接南美洲和日本的方向）以及古代的太平洋群岛（夏威夷、马绍尔及社会群岛等）的主要走向相一致。太平洋的深海沟（包括汤加海沟）都与这个漂移方向成直角，因此也与岛弧平行分布。如果我们说这些现象互为因果，也没有什么可怀疑的。如果我们拿一块圆形的橡皮板，把它向一边拉长，就可以看到这样的情况：一半的直径被拉长，另一半直径则缩短；同时因橡皮板被拉长，这上面各点（也就是群岛）就随着延长的方向被拉长成锁链状，出现了与张力方向相垂直的裂隙。这样看来，东亚的岛弧的确与太平洋的构造密切相关。

西印度群岛中也有和上述完全相同的岛弧。火地岛与格雷厄姆地之间弯曲成弓形的南安的列斯群岛虽然与其他岛弧略有不同，但也可以看作游离于大陆之外的、独立的岛弧。

有一种特别值得我们关注的现象，就是这些岛弧都呈雁行状排列。阿留申群岛就像一条锁链一样，最东端到达了阿拉斯加半岛，但在这里它已经不再是一条海岸山脉，而是由此向内陆延伸。阿留申群岛终止于堪察加半岛附近，但是从这里开始，又形成了关于堪察加半岛的弧链，从堪察加内陆一直延伸到千岛群岛，并在最外围形成一系列岛弧。该岛弧又终止于日本附近，取而代之的是曾为第二内侧山脉的库页岛及日本本岛的岛弧。这样的锁链排列一直到日本的南部，不过到了巽他群岛之后排列就变得混乱起来，我们无法再清晰地看到其中的关联。在安的列斯群岛中，也有着与上述相同的雁行状排列。总之，这种岛弧的雁行状排列现象不过是古代

冬日里阿留申群岛上的雪峰

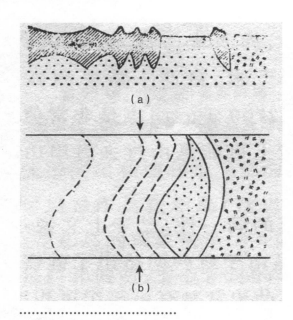

岛弧的形成
（a）剖面；（b）平面
虚线表示极为冷却的硅镁质

大陆海岸山脉雁行状排列的直接后果。如果我们一直向上追溯，这种现象就应该归为雁行褶皱的一般规律。我们若试着调查一下各岛弧的长度，就会发现长度非常相似（阿留申群岛弧长2900千米，堪察加—千岛群岛弧长2600千米，库页—日本弧长3000千米，朝鲜半岛—琉球群岛弧长2500千米，中国台湾—加里曼丹岛弧长2500千米，新几内亚上新西兰弧长2700千米）。这是一种值得注意的现象[①]，可能与海岸山脉的地质构造有关。我们在前文中已经说过，这些岛弧的地质学构造明显一致，在岛弧凹入的内侧通常有一列火山带，这显然是在弯曲时巨大的压力将硅铝层中所包含的硅镁质"熔融体"挤压出来的结果；岛弧凸出的外侧具有第三纪沉积层，但在与这里相对的大陆海岸上，没有这种地层。依据这个事实来推测，我们可以判断岛弧与大陆的分离发生在最近的地质时期，当沉积层堆积完成时，岛弧还没有跟大陆完全分离。第三纪沉积层受到了很大的扰动，这是因为受到岛弧弯曲产生的张力作用，结果就造成

① 西印度处的岛弧与此相反，长度按等级递减，即小安的列斯群岛—南海地—牙买加—莫斯基托浅滩长度为2600千米，海地—南古巴—米斯特里奥萨浅滩长度为1900千米，古巴弧长1100千米。

了裂隙与垂直断层。日本本州岛因为过度弯曲而断裂，所以产生了中央构造带[①]。

　　岛弧凸出的外侧由于受到拉伸产生了沉降，其外缘部分却略微上翘。之所以会出现这样的现象，大概是因为岛弧还存在倾斜运动。岛弧的两端虽然被大陆板块的向西漂移而牵引，但在地壳深处却被较重的硅镁层拉住，倾斜运动就这样产生了。岛弧的外缘通常会有深海沟存在，其成因大概也与上面所说的过程有关。我们已经知道，深海沟是绝对不会产生在大陆与岛弧间新露出的硅镁层表面上的，只存在于岛弧的外缘，因为只有古老的深海海底边缘才有这种地形。因此，我们所看到的深海海沟，其一侧由已经极度冷却而凝固于地壳深处的深海台地构成，另一侧则由岛弧的硅铝质构成。如果把上面所说的倾斜运动关联起来，那么在硅铝块与硅镁块之间形成这样的边缘裂隙就是可以理解的了。

　　如东北亚岛弧等深线图所示，岛弧背后的大陆边缘有个鲜明的特征就是具有明显的凸出轮廓。如果以200米的等深线来代替海岸线，我们就可以清楚地看到大陆边缘总是具有镜像S形轮廓，位于其前方的岛弧却一般呈现出一个简单的凸弧形。两者的关系就如下页的图（b）所示。这种现象我们从东北亚岛弧等深线图所示的3个岛弧上表示出来。这一点也能在澳洲大陆东部边缘、新几内亚岛东南延伸凸出部分看到。这些海岸线弯曲扩张的现象，表明海岸山脉的走向上有平行压缩力。换句话说，我们可以把它看作水平的大褶皱。这是亚洲大陆东部整体曾受到东北—西南方向的强力压缩而产生的现象（部分现象）。因此，如果试着将现在已经弯曲的东亚大陆海岸线拉直，那么现在为9100千米的中印半岛与白令海峡之间的

---

① 中央构造带为横断日本本州中部的断层构造带，西缘为丝鱼川—静冈构造线（又称为系鱼川—静冈构造线），北至新潟县，南至爱知县的滨松，全长250千米，大致为南北向，呈S形。——译者注

距离将会增加到11100千米。

总之，按照大陆漂移学说，这些岛弧（尤其是东亚岛弧）都可以被认为是大陆板块向西漂移时脱离大陆的边缘山脉，它们被固结于地壳深处的古老深海台地上而与大陆块分开。所以，在岛弧与大陆边缘之间露出窗户状的较新更富流动性的深海底。

我们上面所提到的岛弧成因与F. V. 李希霍芬（F. V. Richthofen）的理论有很大不同，他创立的理论依据的是另外的假设。李希霍芬认为这种岛弧是由太平洋地壳内部的张力作用形成的。这些岛弧与其邻近的弯曲的海岸线或海岸山脉共同组成了一个大断层体系。岛弧与大陆海岸之间的领域是第一个大陆阶梯。倾斜运动导致其西部沉入海中，东部边缘露出水面成了岛弧。F. V. 李希霍芬还认为，除了海中的第一个大陆阶梯，还可以在大陆上找到第二个大陆阶梯，第二个大陆阶梯要比第一个的沉陷程度小很多。至于断层为什么会呈现出如此规则的弓形这个问题，虽然目前还无法给出确切解释，但是若考虑沥青及其他物质中产生的弧形龟裂，这个问题或许也就不需要解释了。

李希霍芬放弃了一直以来流行的"普适的地壳弧压力"之说，尝试用张力的作用来解释。就这一点来说，我们不得不承认他的学说具有历史价值。但是，就现在我们对地质的研究来说，他的学说已经不适用了，这是很明显的。比如，从海洋深度图上，我们能够看到岛弧与大陆是完全脱离的（虽然目前的观测数据还不够充分，但是已经可以证实这一点）。

如果大陆板块的漂移就像在东亚一样，并不与其边缘成直角方向，而是与其边缘平行，则大陆边缘处的山脉会因水平推动而消失，在海岸山脉与大陆块之间也不会露出硅镁层的"窗户"。原理上，这种情况与用来解释陆块内部类似现象的由于陆块向不同方向运动而产生的褶皱与断裂图，只要想象着把它移到大陆边缘就可以了。也就是大陆块向硅镁层方向移动

从空中俯瞰墨西哥南下加利福尼亚州圣地亚哥岛全景

冲绳群岛的海岸山脉

的时候产生了边缘褶皱，但由于运动方向不同，有时候还会形成逆掩褶皱、冲断层或者雁行褶皱。如果我们假定大陆块又向背离深海海底的方向漂移，那么它周边的海岸山脉就很容易剥离下来。但如果移动发生在水平方向上，也就是和硅镁层与硅铝层的交界面相平行，则会形成水平移位的断层，边缘山脉就会沿此发生纵向滑动。在这种情况下，其边缘山脉就会被固结在深海基台上。德雷克海峡海深图上格雷厄姆地的北端能够让我们清楚地看到这种过程。巽他群岛最南一列的弧链——松巴岛—帝汶岛—西兰岛—布鲁岛也与此相同。它过去虽与苏门答腊岛前端的群岛相连，作为该岛的东南部分，但之后沿爪哇岛的侧面滑移过去，最后被当时逐渐靠近的澳洲、新几内亚陆块捕获，形成了我们现在所见的形状。

还有一个例子是加利福尼亚半岛。加利福尼亚半岛旁侧凸出的部分有明显拉扯过的痕迹，证明了过去大陆块向东南方向推移的事实（右图）。加利福尼亚半岛凸出的部分因为受到硅镁层的推挤，加厚成为一个铁砧的形状。这个半岛与加利福尼亚湾的轮廓比较起来，就显得非常短。据博斯和韦提希（Wittich）的研究，加利福尼亚半岛的最北部分是在最近的地质时期才开始隆升于海面之上的，隆升的高度达到了2千米——可见其受到的压缩力

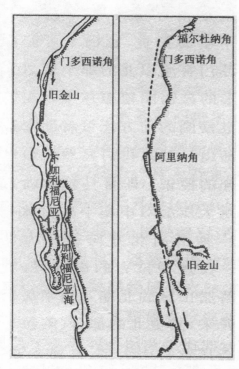

加利福尼亚和旧金山的地震断层

1906 年 4 月 18 日发生的旧金山大地震后的满目疮痍。这次大地震里氏震级为 7.8，震中位于接近旧金山的圣安德列斯断层上，自俄勒冈州到加州洛杉矶，甚至位于内陆的内华达州，都能感受到地震的威力。这场地震及随之而来的大火，对旧金山造成了严重的破坏，可以说是美国历史上主要城市所遭受的最严重的自然灾害之一

之强。我们从这个半岛的尖端轮廓角度看，也很容易得出这样的结论：该半岛的南端曾经嵌入前方墨西哥海岸的凹陷处。从地质图中，我们也可以看到这两处均有寒武纪时期以后的侵入岩，但这两者是否为同一地层产物，至今尚无定论。

　　加利福尼亚半岛除了自身缩短、加厚外，还有一种向北滑动的迹象。与此同时，连接于北方的海岸山脉似乎也共同向北滑动（当然也可能是大陆对硅镁层做向南的移动，半岛相对落在后方）。按照这样的理论，旧金

山附近的海岸线有明显的凸出现象，也可以用此解释。1906年4月18日清晨5点12分左右发生了旧金山大地震，其著名的加利福尼亚和旧金山的地震断层也是这种理论的有力论据。由于这一次的大地震的作用，东侧部分向南、西侧部分向北急速移动。实际测量结果也与预期完全相符，脱离断层的快速移动在逐渐减慢，在距离较远的地方，移动已经消失了。毫无疑问，在没有发生这种快速移动之前，这里的地壳也是缓慢地、不间断地移动着的。安德鲁·C. 劳孙（Andrew C. Lawson）曾经做过一项研究工作，他把1891—1906年间缓慢的地壳运动与突然爆发的快速的断层运动的方向做比较。最终他根据阿里纳角（Point Arena）观测点的观测数据，得到了下图所示的结果：1906年大地震之前断裂面上的地表物体与1891年相比，从A点到B点移动了0.7米的距离。之后由于裂隙出现，地表物体被一分为二，西边的部分向C点方向快速移动了约2.43米，东边的部分则向D点方向快速移动了约2.23米。从地质学角度看，从A点到B点的连续运动应该被视为北美大陆的相对运动，因此大陆的西部边缘由于黏附在太平洋底的硅镁层上向北退缩。总之，这种断层运动（裂隙）只是一种对压力进行的平衡，而不是推动整个大陆块的运动。

　　为了进一步说明这种地质现象，我们在这里要讨论一下中印半岛的大陆边缘。老实说，我们对中印半岛的研究还很少，尽管这部分地区其实十分有趣（中印半岛的深海图）。其中，最能引起我们关注的是苏门答腊岛北方的深海盆地。马六甲半岛的尖端曲折是与苏门

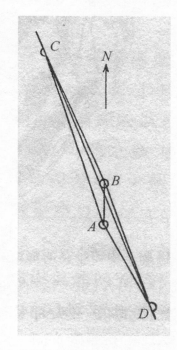

和裂隙斜交的一种地表物体的运动（劳孙）

中印半岛的深海图

答腊北部的裂隙相对应的，但即使把马六甲半岛拉直，也无法把苏门答腊岛以北的窗形硅镁圈完全掩盖。关于这一点，看看窗形前方露出的安达曼群岛就能明白了。因此，我们只能提出这一假说：中印半岛山脉随着喜马拉雅山系的强力压缩而沿南北方向拉伸，导致苏门答腊岛山脉的北端受到其拉力作用被扯裂；苏门答腊岛山脉的北部（若开山脉）就像绳索的一头被巨大的压缩带拉进去了，直到现在，这种拉力还在持续作用着。在这种大规模的水平移动过程中，其两侧自然就形成了断裂面。值得注意的是，最外侧的安达曼群岛及尼科巴群岛被硅镁层牢牢地固结着，只有内侧的海岛山脉才有明显的移动。

加勒比海安的列斯群岛西侧海岸。按照大陆漂移
学说，这里属于太平洋型海岸

最后，我们简单地谈谈多数人熟知的两种海岸类型的区别，也就是太平洋型海岸与大西洋型海岸。大西洋型海岸处大多是高原台地的断层裂隙，太平洋型海岸处大多是边缘山脉以及其前方的深海沟，二者的特征明显不同。除了大西洋以外，具有大西洋型构造的海岸还有东非（包括马达加斯加岛）、印度、澳洲西部、澳洲南部以及南极东部地区的海岸；具有太平洋型构造的海岸有中印半岛海岸、巽他群岛的西海岸、新几内亚、澳洲的东岸（包括新几内亚和新西兰岛）以及南极的西海岸。此外，西印度群岛（包括安的列斯岛）海岸也属于太平洋型海岸。这两种海岸类型在地壳构造上存在差异，在重力分布上也存在差异。大西洋型海岸虽然在大陆边缘处存在重力异常，但在此之外都处于地壳均衡补偿状态，也就是说，漂浮的陆块在该处保持着平衡；但太平洋型海岸不是这样，该处重力分布经常是不均衡的。而且大西洋型海岸处地震和火山活动都比较少，太平洋型海岸处却多火山、地震。大西洋型海岸处也不是完全没有火山，但根据贝克（Becke）的研究，大西洋型海岸处火山喷发的熔岩与太平洋型海岸处有很多矿物学上的差异。太平洋型海岸处喷出的熔岩在相同体积下质量更大，含铁量更高，看起来是从更深层的地壳中喷出来的[1]。

按照我们的理论，大西洋两侧的海岸都是在中生代以及中生代之后由于大陆板块的分裂形成的。因此，我们可以看到海岸前方的大洋底是较近地质时代露出的硅镁层表面，具有一定的流动性。这样一来，这些海岸处于均衡补偿状态也就是自然而然的事情了。另外，因为硅镁层具有较强的流动性，大陆边缘对移动的阻碍较小，因此没有发生褶皱作用，也没有发生压缩或挤压，海岸山脉也就几乎没有火山活动了。总而言之，因为硅镁

---

[1] 彭克又从中区别出第三种在相同体积条件下质量更大的岩浆，将其命名为极地性熔岩，认为其发源于地壳更深处。——译者注

质有较强的流动性，可能发生的各种运动都不是急速的、激烈的或者突发的，因此地震不会发生。夸张一点说，这种大陆块简直就像是漂浮在水中的冰块一样。

专家评述与研究进展

大陆与海洋交界处的大陆边缘是地壳构造活动非常活跃的场所。休斯（1883）根据海岸线延伸方向与沿岸地质构造线一致或直交，区分出太平洋型与大西洋型两类不同的海岸。

魏格纳进一步研究这两类海岸间的区别，指出太平洋型海岸和大西洋型海岸间的差别在于两种类型不但结构不同，重力分布状态也存在差异。大西洋型海岸多为高原台地的裂隙，没有褶皱和海岸山脉，没有火山活动；太平洋型海岸则多为边缘山脉和深海沟。两种类型的海岸也有明显不同的重力分布，大西洋型海岸处于均衡补偿状态，而太平洋型海岸常常是不均衡的。

他着重描述了太平洋西岸环绕着的岛弧，认为与岛弧平行的深海沟都是与漂移方向相垂直的裂谷；岛弧的凹边总有一系列的火山，他认为这是由于弯曲挤出了硅镁熔融体（基性岩岩浆）而引起的结果。

他认为东亚的岛弧可能是大陆板块向西漂移过程中与大陆分离的边缘山脉。他还论述了雁列状的岛弧，认为是过去雁列状大陆海岸山脉引发的后果。这些都不完全正确，有些岛弧是大陆边缘脱落的碎片，有些则不是；雁列状的岛弧主要与大洋板块斜向俯冲有关。

20世纪70年代以来，对大陆边缘的研究获得了丰硕的成果。魏格纳的研究为大陆边缘的研究奠定了基础。

现在我们认识到太平洋型海岸相当于活动大陆边缘，是一种大洋板块向大陆板块挤压的板块边界。从大洋向大陆方向依次有海沟、弧-沟间隙（包括由消减杂岩组成的非火山外弧和弧前盆地）、火山弧及其上的弧内盆地，以及弧后区。活动大陆边缘是构造运动最活跃的地带，有最强烈的地震、火山活动和区域变质作用，也是地球上地形高差最大的地带、热流值变化最急剧的地带和最显著的负重力异常带。岛弧的方向指示出大陆在太平洋西部漂移的方向是西北偏西。深海沟都是与漂移方向垂直的。

海沟是俯冲洋壳开始下插的地方，而不是魏格纳认为的裂谷。下插洋壳随着深度的增加发生部分熔融而形成岩浆，岩浆上升到浅部形成火山弧。岩浆活动以钙碱质系列火山岩为主，主要岩石是安山岩。

魏格纳认为岛弧是分离了的大陆边缘山脉。现在认为岛弧有两种不同成因。一类如日本列岛，岛弧下伏典型大陆型地壳，是从大陆分裂出来的碎块；另一类如马里亚纳群岛，岛弧下伏大洋与大陆的过渡型地壳，是大洋板块俯冲过程的产物。大洋板块俯冲也较好地解释了弧后扩张的成因，也就是魏格纳所说的大陆边缘山脉和大陆块之间的硅镁层"窗户"，相当于扩张后形成的弧后盆地中出露的洋壳。

大西洋型海岸相当于被动大陆边缘，虽然洋壳和陆壳在一起，但是大陆和海洋位于同一板块内，它没有海沟俯冲带，无强烈地震、火山和造山运动，构造上长期处于相对稳定状态。

被动陆缘的生成源于岩石圈拉伸所导致的上地幔物质上涌，减薄了的地壳通过铲状正断作用在地表形成复杂的地堑系；来自上地幔的熔岩沿裂隙上升，注满新出现的海底，最终形成正常厚度的大洋壳。随着洋盆的扩大，它外侧的陆壳逐渐远离以中脊为代表的热流中心；它的冷却沉陷造就了其上巨厚的被动陆缘沉积岩系。

魏格纳通过重力分布描述北美洲西部圣安地列斯断层和安达曼盆地的剪切边缘，对岛弧成因进行了解释。魏格纳认为北美西岸加利福尼亚"大陆西缘由于黏附在太平洋的硅镁层上不断向北方退后"，现在我们知道圣安地列斯断裂是太平洋和北美板块的边界，是巨型右旋走滑断裂，断层西侧相对向北运动。安达曼盆地也是在印度板块对西藏巨大的推挤作用下产生的边缘右旋剪切拉张造成的拉分盆地。

乍一看，大陆漂移好像是极其复杂的各种运动，但其实只有两种运动，即大陆块分别向赤道方向和向西漂移。因此，我们要分别考察这两种情况。

　　多数学者已经认可大陆块向赤道方向运动（即离极运动）的说法，尤其是克莱希格威尔和泰勒。与较小的陆块相比，这种运动在较大的陆块上更容易看出来，在中纬度地带（欧亚大陆上的喜马拉雅山脉和阿尔卑斯山脉的第三纪褶皱带的排列）最为明显。这些山脉虽然在赤道上形成，但表现为亚洲东岸的凸出压缩轮廓。此外，澳洲的离极移动也表现得十分明显。澳洲大陆曾经向西北方向漂移，从而导致岛屿变形，形成了巽他群岛、新几内亚岛上的高耸而年轻的山脉以及新西兰（被搁置在东南部的岛弧）。在北美洲，离极运动形成了格林内尔兰相对于格陵兰岛（或拉布拉多相对于格陵兰岛南部）向西南方向漂移，还表现为分离状态下的加利福尼亚海岸处的山脉初步纵向压缩以及与此有关的旧金山的地震断层。甚至连很小的马达加斯加岛也偏向赤道方向漂移，因为从它与非洲大陆分离的裂口处已经向东北方向漂移了。当然，这也许是硅镁层的流动导致的结果。南美洲和非洲现在的地理位置在赤道附近，那它们在子午线方向上的移动会很小。南美洲在第三纪时曾发生过大规模的漂移，并产生了安第斯

澳洲大陆板块

山脉。根据当时的地极位置，这次漂移是朝向西北方向的，因此也可以认为是离极运动。南极洲也有同样的情况发生。

从第三纪到现在，雷姆利亚大陆（Lemuria Continent）①在最初阶段受到的压缩也被认为是一种离极运动。现在它位于赤道以北10°～20°，而离

---

① 雷姆利亚大陆，传说地理位置在今天的印度洋。根据地质学家的推测，雷姆利亚大陆应该是在距今约3400万年前（即第三纪早期）开始沉没的，在约2500万年前完全沉没。雷姆利亚大陆本来是为陆桥说准备的，在板块学说盛行后不再被重视，因为大陆所在地并没有地壳运动的痕迹。魏格纳是不相信大陆会沉没到深海底的。——译者注

极运动只会减少它的褶皱。关于离极运动，我们看到的只是其中一面，还很难准确地理解这个运动。至于印度，或许是被向北流动的硅镁层挤到亚洲南部的，也可能是亚洲大陆的离极运动导致的。

我们在世界地图上可以清楚地看到另一种运动，即大陆向西漂移。大陆块在硅镁层中向西移动，在石炭纪原始大陆的前缘（美洲）受到黏性颇强的硅镁层的阻力而褶皱起来（前科迪勒拉山系），而原始大陆的后缘（亚洲）脱离了遗留下来的沿海山脉与其他碎片，它们牢牢地依附在太平洋的硅镁层上，形成了群岛。如今，太平洋东海岸与西海岸之间还是有一定差异的。尤其是东亚地区，很多海岸、山脉的分裂与遗弃都发生在此地，而且子午线方向的压缩致使差异变得特别明显，向南延伸的印度半岛和巽他群岛是大陆裂片，因为大陆向西漂移而被遗留在了东方。斯里兰卡岛也是如此，它从印度南端分离，遗留在了东方。南半球的澳洲也有同样的过程，即新西兰成为岛弧被遗留下来了，澳洲陆块则向西北方向推进。在美洲东海岸我们可以看到和东亚海岸一样的现象，安的列斯群岛是一个很好的被遗留在东方的岛弧的例子。很明显，较小的群岛更容易被遗留下来。佛罗里达半岛的大陆架和格陵兰岛的南端也被遗留在了东方。在南美洲，阿布罗留斯浅滩正是由于被遗留的缘故，才从陆块底部显现了出来。德雷克海峡附近的地域由于陆地尖端拖着尾部和连接其两侧的群岛而留在了遥远的后方，成了向西漂移的例子。上文已经提到，非洲大陆的马达加斯加岛有向西漂移的痕迹，同时被遗留在了东方（它还发生过离极运动，向大陆东北向移动）。东非新断层系的生成（马达加斯加的分离是其中的一部分）或许和大陆向西漂移有关，但这里指的不是岛弧，而是较大的陆块。在非洲的西海岸，加那利群岛和佛得角群岛好像是最近才和大陆分离而流向西方的。那么，大西洋在开裂时，硅镁层之所以会向西移动，肯定是因为硅镁层的普遍流动。大西洋在开裂过程中，硅镁层表面会被拉长，

西太平洋最深的马里亚纳海沟 3D 图。马里亚纳海沟是目前所知地球上最深的海沟，地处北太平洋西部，靠近关岛的马里亚纳群岛的东方，该海沟为两个板块的俯冲带

像橡皮一样，可能是由于硅镁层流入裂隙所致。

离极运动和向西漂移是否可以解释所有的陆块移动现象，现在还不能确定。但可以肯定的是，大陆主要的运动就是这两种。

按照常理，硅铝壳中裂隙的分布有一定的系统性，因为这些裂隙与漂移有关。向西漂移会对应子午线方向产生的裂隙，离极运动同样如此，特别是连接到极地的裂隙。实际上，沟状断层或裂隙都有南北走向的趋势，东非的断层系（上文已有论述）、莱茵河谷以及更大规模的大西洋断裂。裂隙延续到极地的现象至少在以前的南极地区出现过，在南美洲、非洲以及印度南端的尾部，这种现象也是存在的。如果仔细研究这种现象，当然会有很多例外，但对于系统的排列依旧是无可争议的。

到底是哪种力导致了移动、褶皱与裂隙等，我们现在还不能做出准确的回答。在这里，我们只能把这项研究的现状阐述一下。

姚特弗斯宣称有一种力可以把大陆块推向赤道。他曾注意到这样一个事实："在经线的面上垂直方向是弯曲的，其凹进去的一侧向着地极。漂浮物体的重力中心位置要高于受挤压的液体的重力中心位置。这样一来，漂浮的物体会受到两种不同方向的力的作用，它们的合力从地极指向赤道，因此，各大陆就产生了向赤道方向移动的倾向。正如普尔科沃天文台（Pulkovo Observatory）[1]所推测的那样，这种运动产生了纬度的常年变化。"

对于这个容易让人忽视的情况，柯本曾研究过离极运动的力的性质和力对大陆漂移的重要性。虽然他没有做过什么计算，但有如下叙述：各层面的扁平度与深度是成反比的（深度增加，扁平度减小），它们之间不是互相平行的，而是有一定倾斜度的。但有一种情况要另当别论，那就是各

---

[1] 普尔科沃天文台：位于俄罗斯圣彼得堡以南约19千米，海拔75米，是俄罗斯科学院下属的一座天文台。——译者注

水平面和地球半径是相互垂直的。下图所示为其中一极（*P*）与赤道（*A*）在子午线上的剖面图，*O*点表示向地极做凹形弯曲的重力线或铅垂线，*C*点表示地球的中心。

一个漂浮物体的浮力中心是位于被排除的煤质的重力中心上的。而漂浮物体本身的重心正好与此相反，位于重力中心点上。这两种力的方向都垂直于各个着力点的水平面。因此，这两种力的方向不是完全相反的，会产生一种不大的合力。如果浮力中心点在重力中心点的下方，则合力指向赤道。因为陆块的重心离表面的下方还很远，所以浮力与重力并不能与陆块表面的平面互相垂直，而是稍微向赤道的方向倾斜，浮力的倾斜度比重力的倾斜度要大。凡是漂浮物体的重力中心点在浮力的着力点上方的物体都适用上述原理。同样地，当漂浮物体的重力中心位于浮力着力点下方时，其合力必定指向两极。在旋转的地球上，阿基米德原理适用于两点合二为一的情况。

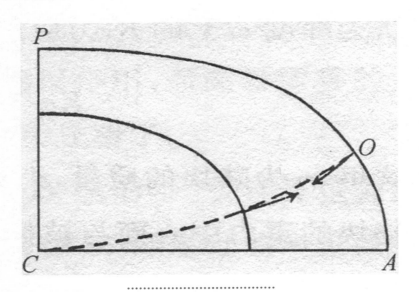

地表水准面与弯曲的铅垂线

P. S. 爱泼斯坦（P. S. Epstein）是第一个计算离极运动的力的人。对于计算纬度处 ϕ 的K力，他得出了下面的公式：

$$K\phi = -\frac{3}{2}md\omega^2\sin(2\phi)$$

式中，m为大陆块的质量；d为深海海底与陆块表面高度之差的一半（即陆块的重力中心点与被挤出的硅镁质的重力中心点的高度差）；ω为地球自转的角速度。

他因为要依据陆块的移动速度v来求得硅镁质的黏度μ，故用一般公式（M为黏液层的厚度）推导出下式：

$$\mu = \rho\frac{sdM\omega^2}{v}$$

式中，ρ为大陆块的比重；s为厚度。

如果代入下列最极端的数值：$\rho=2.9$，$s=50$千米，$d=2.5$千米，$M=1600$千米，$\omega=2\pi/86164$，$v=33$ 米/年，则硅镁质的黏度为：$\rho=2.9\times10^{16}$g·cm·s^{-1}。该数值大约是钢铁在室内温度条件下黏度的3倍。因此，他得出了如下结论："正如魏格纳所说，地球旋转的离心力作用下会发生离极运动，而且一定会发生。"至于赤道处的褶皱山脉是否也可以用离心力解释，爱泼斯坦对此表示否定。山脉高达数千米，硅铝块也沉降到了极深之处，要产生这种现象，势必需要另一种与重力相反的力作用，并且其能发挥极大的作用，离极运动只能形成10~20米高的山丘而已。

兰伯特（几乎同时与爱泼斯坦开始研究）也曾计算过离极运动的力，得出了一样的结论。纬度45°处的离极运动力为重力的300万分之一，在这个纬度处它为最大值，那么离极运动力一定能使一个斜卧的长形大陆发生旋转。在赤道与纬度45°之间使其长轴转向与子午线相反的方向（东西方向）；在地极与纬度45°之间则转向子午线方向（南北方向）。"当然，这些都是推测，都是在陆块浮动假说的基础上得到的。地球上的大陆块不仅漂浮在一种黏性液体（岩浆）上，而且假定岩浆的黏性具有古典黏性理论的含义。根据古典黏性理论，一种液体的黏性无论有多大，足够长的时间，都会受到某种力的作用而变形，即使是极小的力。上文已经论述过地球重力场的特性，其作用的力是极小的。而地质学者可以允许我们假定这个力的作用时间非常长，但液体的黏性可能与古典黏性理论所主张的观点具有不同的性质，因此不管作用的时间有多长，这个力可能很微小，达不到液体发生变形的一定限值。其实，黏性问题是一个极其复杂的问题，古典理论既没有对观察到的事实予以恰当的解释，而我们也没有运用现有的知识做出任何断语。总而言之，朝向赤道的力确实是存在的。在地质时代的演变中，这种力是否对大陆的位置或形状产生过明显的影响，要由地质学家来定。"

此外，施韦达尔也曾计算过离极运动的力，结果如下：在纬度45°处这个力对应的大陆移动速度的数值大约是1/2000厘米/秒，相当于陆块质量的200万分之一。他认为这个力能否使陆块漂移很难确定。因为它的速度太小，所以不能产生地球自转时任何显著的西向偏斜。

施韦达尔认为爱泼斯坦计算出来的移动速度太大了（即33米/年），由此得到的硅镁质的黏度数值很小。如果假定较小的速度，就可以得到较大的黏度。他说道："我们仍然采用爱泼斯坦的公式，只是把黏度由原来假定的10^{16}级别变成10^{19}级别，那么大陆块在纬度45°处的漂移速度为20厘米/年。因此，大陆在离极运动力的作用下向赤道方向是有可能发生的。"

综上所述，我们对离极运动力的存在及其大小已经了解得很透彻了。它在纬度45°处为最大值，大约是重力的300万分之一，是水平潮汐力的四倍。这种力与常常变化的起潮力是不同的，它在几千万年的时间里始终作用着。只要它大于使运动发生的最小值（虽然还不知道其大小），就可

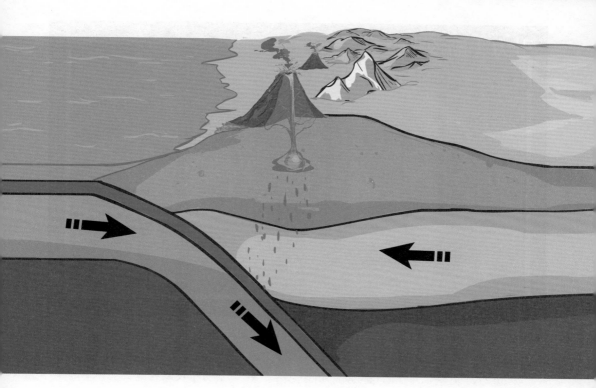

以在长时间的地质时代演变中征服地球钢铁似的黏性。上文已经说过，大陆块像蜜蜡，硅镁层像火漆，那么产生在硅镁层中的最小限度的力要远远小于在硅铝层中产生的。因此，地质时期的大陆块在离极运动力的作用下，在硅镁层中漂移是理所当然的事，但该理论能否充分说明赤道褶皱山脉的形成还是值得怀疑的。对于这个问题，爱泼斯坦并没有给出确切的答案。

在这里，我可以简单地讨论一下使大陆向西漂移的力。以E. H. L. 施瓦尔兹（E. H. L. Schwarz）和惠兹坦因为代表的多数学者认为，

两个相邻板块之间的滑动。一侧板块边缘下沉，俯冲到相邻板块之下，俯冲处会产生强烈的地震，并形成沿边界分布的火山带

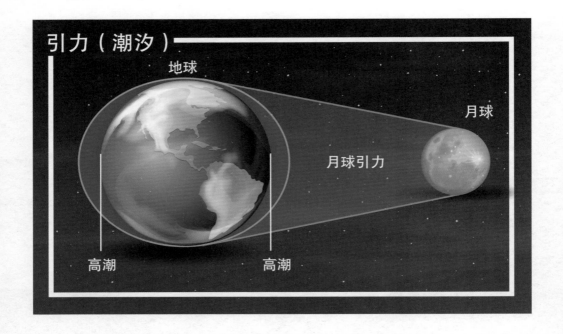

引力（潮汐）

地球

月球

月球引力

高潮　　　　　　　高潮

将月亮或太阳的引力所产生的潮汐摩擦作为驱动力，使整个地壳绕着地核向西旋转。多数学者认为以前的月球旋转得比现在快，在地球引力的作用下，使旋转逐渐变得缓慢。一个星体因潮汐摩擦而减缓旋转速度，会对其表面产生显著的影响，必然会引起整个地壳或各个陆块缓慢滑动。这种潮汐是否真的存在？这是一个不容忽视的问题。根据施韦达尔的研究，由于固体地球因潮汐而产生的变形具有弹性，所以不能用它来直接说明大陆块的漂移。但在我看来，硅镁层具有黏性，这种具有弹性的潮汐极有可能会推动地壳移动。这种移动幅度虽然很小，但一直都

月球引力形成潮汐图解。月球引力不仅会在地球上产生海潮，还会引起大气潮。但是大气潮远没有海潮这样惊天动地、气势磅礴。又因为我们身在其中，所以是很难察觉到的

在进行着。在短时间内，人们自然不会发现有明显的改变，但经过百万年，肯定会引起显著的变化。之所以会产生这种现象，是因为地球对潮汐而言没有足够的弹性。我认为只是从固体地球上观察得到每日的潮汐具有弹性，并不能认为这个问题已经解决了。

施韦达尔也曾以地轴岁差[1]理论（和太阳、月亮的引力有关）为根据，推断出了影响大陆向西漂移的一种力。他指出：地轴岁差理论以太阳和月亮的引力为基础，地球各个部分相互之间不会有大规模的移动。如果大陆相互间有移动，那么计算地轴在空间上的运动就是一件极其困难的事。在计算的时候，必须要把大陆的旋转轴与整个地球的旋转轴区分开来。根据我的计算，整个地球旋转轴的岁差值是在纬度$-30°\sim+40°$、西经$0°\sim40°$之间，比整个大陆旋转轴的岁差值要大220倍。大陆具有与一般旋转轴不同的绕轴旋转倾向，因此不仅有南北方向的力，还有一种推动大陆向西漂移的力。南北方向的力每天都在变化，所以对我们探讨问题没有什么研究价值。而向西漂移的力比离极运动的力要大很多，它在赤道上数值最大，在$\pm36°$处则为零，将来我们还会对这个问题做更详细的叙述。总之，我认为大陆向西漂移是很有可能的。上述内容仅仅是初步探讨而已，至于决定性的意见，还要等到更具价值的著作出版。但我们可以明显地看到大陆向西漂移，用太阳和月球的引力解释是不会错的。

但施韦达尔依据重力测定的结果知道了地球形状与旋转椭球体的形状并不相同，这样会引发硅镁层的流动，从而导致大陆漂移。他说："人们在较早的年代已经推测出硅镁层内部有流体。"赫尔默特在其著作中写道：如果依据地球表面的重力分布来推测，地球有三个长短不同的轴，

---

[1]　字面含义为"（自转）轴进动"，在天文学中是指一个天体的自转轴指向因重力作用而在空间缓慢且连续地变化。——译者注

是一个椭球体，因此赤道处形成了一个椭圆形。椭圆形两轴长度差是230米，长轴与地球表面交汇在西经17°处（大西洋中），短轴则与地球表面交汇在东经73°处（印度洋中）。至今在大地测量学领域仍有权威的学者（如拉普拉斯[①]和克莱罗）认为地球表面岩石虽然是固态的，但地球内部是由类似于液体的物质组成的。也就是说，地球内部的压力具有静水压的性质。由此看来，赫尔默特的观点是不能被理解的。如果有扁平度和旋转角速度，还具有静水压性质。那么地球不可能是一个三轴的椭球体。因此，有人认为是大陆的存在导致了地球与旋转的椭球体不同，但实际上并非如此。假设大陆是漂浮着的，厚度为200千米，硅镁质与硅铝质的密度之差为0.034克/厘米^3，水的密度为1克/厘米^3，则可得出结论：根据海陆分布状况，地球形状与旋转椭球体的偏差值不仅比赫尔默特计算出的数值小得多，而且赤道处椭圆形的轴与赫尔默特认为的轴完全不同，他认为长轴与地球表面交汇在印度洋处。这样一来，地球的一大部分和静水结构有所不同。

据我计算，如果大西洋下方厚度为200千米的硅镁层的密度比印度洋下方的硅镁层大0.01克/厘米^3，那么赫尔默特得出的结论就是对的。但这种状态无法一直持续，因为硅镁质有流动性，无法使旋转椭球体达到均衡状态。实际上，两者的密度差值这么小，恐怕产生流动的可能性也很小。相比于较早的时代，现在赤道处的椭圆率和硅镁层内密度的差异引起的硅镁质的流动一定更重要。

依据赫尔默特的结论推断出来的力，不用详细说明，我们就可以知道是由于大西洋的断裂。因为大西洋地区地壳隆起，必然会造成大陆块向西

① 拉普拉斯（1749—1827），法国数学家、天文学家，法国科学院院士，天体力学的主要奠基人，天体演化学的创立者之一，代表作品有《天体力学》《宇宙体系论》《概率分析理论》。——译者注

夏季

假想的地球旋转轴。由于地球旋转轴的方向在运行轨道上几乎固定不变，所以，总是一个半球朝着太阳"倾斜"（夏季）

侧分流。

在这里，不妨顺带提一下施韦达尔引申的另一种理论：这种地球表面高于均衡位置的现象在地球上到处都可发生，不仅仅局限于赤道附近。我们在第八章中论述海进与地极移动的关系时已经指出，在移动的地极前方，地球表面必定过高，而后方的地球表面必定过低。地质学的相关理论，似乎也证实了这种高低偏差是存在的，而且与赫尔默特计算出的赤道处椭圆形的长轴与短轴差值相等（或是其两倍）。在地极快速移动时，地极前方的地球表面大概会比均衡位置高出数百米，而地极后方的地球

冰岛丝浮拉 (Silfra) 大裂缝处的海底火山熔岩。丝浮拉大裂缝是辛格韦德利国家公园内的著名景点，处于欧洲大陆和美洲大陆板块的裂缝地带，在这里两个构造板块每年分开2厘米左右

表面会比均衡位置低数百米。最大的倾斜（一个地球象限约1千米）发生在地极移动的子午线方向与赤道的交汇点上，而两极的倾斜度也大概是这样的。因此，把陆块由过高处向过低处推动的力就显现出来了。这种力为一般的离极运动的力（对陆块而言，一个地球象限有10~20米的倾斜度）的数倍。这种力和离极运动的力不一样，它不仅作用在陆块上，还作用在陆块下方容易流动的硅镁层上。但倾斜确实是存在的（海水泛滥或海水退落是倾斜存在的证明）。而这种力当然会对大陆块起作用，使大陆块产生移动与褶皱。但因此发生的运动与下方液态物质相应的运动相比偏小于。如果正常的离极运动的力只能推动大陆块在硅镁层中移动，不能使其产生褶皱的话，那么我想由于地极移动而产生地球变形的一种力，也是可以形成褶皱的。

地球上两次大褶皱形成时期是石炭纪和第三纪，正好是地极移动速度最快和范围最广的时候（石炭纪早期到二叠纪，南极从中非移动到了澳洲；在第三纪早期到第四纪时，北极从阿留申群岛移动到了格陵兰岛），这与我们的学说是相符的。

总而言之，不管是过去还是现在，人们对于大陆漂移的力的研究还没有得出一个能使各方都满意的答案。不过，有一点是可以确定的，即大陆漂移、褶皱、裂隙、火山爆发、海进与海退以及地极的移动等现象的成因必然是互相关联的，这些现象曾在历史上的某些时期同时增强。其中，只有大陆漂移的成因，除了内在原因之外，还可以找到外在的。因此，我们似乎应该把宇宙因素看作一种动力，看作形成各种变化的根本原因。如果真是这样，那么关系似乎变得更为复杂了。虽然施韦达尔持反对意见，他认为漂移只是同样物质的位置交换，但我更相信地极移动是大陆漂移产生的直接结果。因为大陆块的重心位置很高，所以它具有比陆块挤压的硅镁层更长的轴距，从而有更强的旋转能力。在我看来，地球的惯性轴一定会受到大陆漂移的影响，但地极在移动时会产生另外一种大陆漂移（上文已说过），这种大陆漂移也会反过来影响地极的位置移动。这样就产生了不容忽视的复杂的交互关系。

专家评述与研究进展

　　魏格纳认为极为复杂的大陆漂移运动其实只有两种运动：大陆向赤道方向的离极运动以及大陆向西漂移。为此，他列举了许多大陆向赤道和向西运动的表现，接着对动力的讨论也是围绕这两种运动进行的。本章是本书中最薄弱的一章，他本人也坦诚地承认大陆漂移的动力问题"还没得出一个能满足各个细节的完整答案"。这也是大陆漂移理论遭到了固定论者强烈反对的原因之一。

　　其实，大陆的离极运动和向西漂移都是存在的。现今大地测量的数据显示岩石圈相对于地幔有一个整体向西运动的分量（明斯特，1978）。北半球板块相对于热点参考架总体是向西漂移的，环太平洋带上，西太平洋的俯冲带倾角多数大于45°，以至接近直立，而东太平洋的俯冲带倾角多小于45°，在南美西岸可以低到8°~12°。这说明最大的太平洋板块是整体向西漂移的。南半球的板块一些是向北漂移的，大洋脊以扩散为主，但向西漂移的分量明显大于向东漂移的分量，总体也是向西漂移的。北半球比南半球的西漂量大。大陆向赤道方向的变形也是存在的。李四光的地质力学也主张全球存在纬向和经向两大构造体系。著名的山字形构造就是向赤道方向变形的结果。但是，把地球上所有构造活动都归为向赤道和向西两种运动有点太绝对了。

关于青藏高原的褶皱隆起，魏格纳讨论了两种原因，或许源于印度挤到亚洲内部，也可能大部分是亚洲的离极移动所产生的。他认为"后一种说法似较前一种更为正确些"。现在大家都认为是印度向北挤压造成的，同时历史上西伯利亚大陆的确有些向南挪动。

大陆漂移学说最薄弱的一环就是其动力机制。魏格纳认为大陆漂移的动力机制与地球自转的两种分力有关：向西漂移的潮汐力和指向赤道的离极力。漂浮在黏性的硅镁层之上的较轻的硅铝质大陆块，在潮汐力和离极力的作用下不断破裂并与硅镁层分离，导致向西、向赤道两个方向做大规模水平漂移。

美国的F. B.泰勒根据欧亚大陆第三纪山脉多呈弧形向南弯曲的现象，于1910年提出地球旋转产生的离极力导致大陆向南挤压和运移的思想。李四光也认为地球的自转及其角速度的变化所引起的经向和纬向的水平错动是推动地壳运动的主导因素。然而就推动大陆复杂构造运动而言，地球的自转力是远远不够的。

本章也认为离极漂移力的最大值（在北纬45°处）只有重力的三百万分之一。推动大陆西漂的潮汐力与科里奥利力也太小了，以致夏德格（1977）在《地球动力学》中认为这对造山运动没有多大的价值。

板块形成的基本观点是热物质从洋中脊下部上升的同时，一边冷却一边向两侧扩展，扩展到海洋岩石圈在海沟附近俯冲下沉。板块理论认为板块可以自己驱动，主要的驱动力有俯冲板块的负浮力、中脊上拱地形的推力及地幔的力。当大洋岩石圈板块在海沟附近向下俯冲到地幔中时，俯冲下去的板块温度往往低于周围地幔的温度，密度差将使俯冲板片受到一个向下的力，称为负浮力。另一方面，俯冲板片下插时受到周围地幔的阻力，这个力的大小与板块俯冲的速度有关。Forsyth & Uyeda（1975）的计算表明，这两个力互相制约，成为板块运动速度的调整器。

大洋中脊裂开后地幔岩浆上拱，由于从大洋中脊向外地势逐渐降低，故充满深部岩浆的洋中脊位于较高的地势上，具有向外的分力；另一方面，大洋中脊下地幔物质上拱也会产生一个向外的压力。两个力合在一起，形成洋中脊的推力。这个推力的大小取决于地势的高差，而与板块俯冲的速度不相关。Harper（1975）应用刚性板块模型计算表明，俯冲带的拉力为洋脊推力的7倍。

Bird（1998）通过模拟表明，大部分板块必须考虑0.5~1MPa的地幔拖曳力。Wen&Anderson（1997）的模拟工作表明，仅用符合简单流变学的地幔对流模型就可以解释大规模的板块运动。

对大陆漂移和板块运动驱动力的讨论仍在继续，目前这还是一个尚未完全解决的问题。

延伸阅读
从大陆漂移学说到板块构造学说

　　从17世纪中期到19世纪，数学、物理学、化学、天文学、生物学等学科先后发生了重要的变革，陆续进入现代学科的行列。

　　数学学科形成于17世纪。17世纪上半叶，笛卡儿和费马创立了解析几何，将当时完全分开的代数和几何学联系到了一起；17世纪下半叶，牛顿和莱布尼茨创立了微积分学。在天文学领域，16世纪中期，哥白尼的日心说将自然科学从神学中解放了出来。17世纪初，开普勒提出行星运动的三大定律，将天文学提升为数学物理学的一部分。现代物理学是16至17世纪形成的。伽利略奠定了现代物理学的发展基础，牛顿的力学体系标志着现代物理学的诞生。在化学领域，从1661年波义耳提出化学元素概念开始，经过多次革命，1869年门捷列夫发现了元素周期律，把化学元素及其化合物纳入一个统一的理论体系，形成了现代化学。生物学的革命发生于19世纪中叶，德国植物学家施莱登和动物学家施旺于1838年创立了细胞学，英国生物学家达尔文于1859年创立了生物进化论，形成了现代生物学。

　　地学（地质学和地理学的统称）进入现代科学体系要晚一些，从1912年魏格纳提出大陆漂移学说，到1962年赫斯提出海底扩张说，再到1968年勒皮雄发表板块构造学说，历经了半个多世纪才取得革命性的突破。大陆漂移-板块构造学说从根本上改变了人类对地球的系统认知，深刻影响了人类的科学观、自然观、发展观和价值观，充分体现了人类对于地球系统认知突破的意义和价值。

一、大陆漂移学说的提出

魏格纳的大陆漂移学说源于大西洋两岸相似轮廓所引发的灵感，是对当时地学发展成就的总结与升华。科学的发展是时代发展与个人努力的结果，但是摘取科学桂冠的都是个人。

大多数科学的早期发展阶段都会出现许多不同自然观之间的不断相互竞争。地学的发展也一样，出现了如水成论和火成论、灾变论与均变论及固定论和活动论之争。

18世纪下半叶，随着地质考察旅行的兴起，人们注意到了广大地区的地形与构造之间的关系，开始了区域地质调查研究，从而判断岩石的成因。水成论思想钳制地质学的发展达一百多年。1785年，苏格兰学者郝屯提出了火成论，打破了上帝的诺亚洪水的束缚，让人们得以看到地球深部的动力。

18世纪末到19世纪初，地质知识体系初步形成。地质年代和地层系统初步建立，结晶学、矿物岩石学日臻完善，加深了人们对地壳物质组成的认识。人们对山脉构造及其形成过程也有了进一步的理解，有关山脉形成的学说陆续被提出。法国的E.博蒙于1829年提出，地球冷却收缩使得地壳发生破裂、挤压、褶皱，从而形成山脉。

19世纪初，古生物学和地层学得以创立，人们划分出三大岩系，开始进行岩石学领域的高温高压实验。人们不仅研究火山作用、岩浆作用和变质作用等成岩过程，还研究地球深部的物态和物相转变，研究矿物岩石在高温高压下的形变、波传播、磁性、电导等物性。

地质学于19世纪中期到20世纪早期得以发展。居维叶在1821年提出了灾变论，认为地球在历史上曾多次发生巨大的灾变，每一场大洪水都毁灭了一切生物，洪水之后，生命又重新被创造。这一观点迎合了许多宗教思想家的想法。1830年，英国的C. 莱伊尔出版了《地质学原理》，认为在地球的一切变革中，自然法则是始终一致的，提出了将今论古的学说。《地质学原理》使地质学真正成为一门科学。

之后，居维叶的灾变论由十分流行跌落谷底，均变论与进化论的渐变观点则大行其道，新达尔文主义的均变观点成为近半个世纪以来的主流观点。

1859年，美国地质学者J. 霍尔认为褶皱山脉曾经是地壳上巨大的凹陷。1873年，J. 丹纳把这种凹陷及其产物称为地槽。1885年，E. 休斯把地壳上稳定的、自形成后不再发生褶皱变形的地区，称为地台。1900年，法国的E. 奥格明确地把地槽和地台统一起来，发展出地槽–地台学说（以下简称"槽台说"）。槽台说认为地壳运动主要受垂直运动控制，山脉的位置也就是地槽的位置。其驱动力主要是地球物质的重力分异作用，水平力是派生的或次要的。槽台说第一次揭示了两大构造单元间的联系，然而单纯垂直运动的局限性，也促使人们考虑水平运动的作用。

1852年，博蒙发表了《论山系》，阐述了横向压力的重要性，并将其作为地壳收缩的证据来解释山脉的形成。其另一个突出成果是发现了阿尔卑斯山脉中的大规模逆掩构造，这提供了基底岩石卷入大规模侧向运动的直接证据。法国的P. 泰尔米埃于1891年发现了法国阿尔卑斯山的推覆构造。1875年，休斯在《阿尔卑斯山脉的成因》中指出巨大逆掩构造是整个山系侧向运动的结果。大陆水平运动的事实呼唤新理论的出现。

水火之争把人们原先仅仅局限在地球表面的眼光引向地球内部，开始注意地球内部的动力；槽台说揭示了地壳自身是动的，现在我们看到的构造是一系列运动的结果，而且不同地点的构造之间是有联系的。

1889年，美国地球物理学家达顿创立了地壳均衡说。地壳均衡说是大陆漂移学说的重要理论基础。

19世纪末到20世纪初，地质学家认为地球的主要特征是固定的，盆地和山脉等大多数地质特征都可以用垂直地壳运动来解释。这种理论被称为地槽理论。固定论的观念已经在地质学家心里根深蒂固，但魏格纳原来不是地质学家，没有传统观点的束缚，相对而言容易从新的视角看问题。

1. 海岸轮廓的相似性

自从世界地图绘制完成以后，大西洋两岸轮廓的相似性引起了许多人的注意，不知多少人研究过它，但大部分没有进一步的结果。1596年，亚伯拉罕·奥特柳斯（Abraham Ortelius）绘制世界地图时就注意到大西洋两岸大陆的形状似乎是一致的。他在《地理词典》中暗示"美洲被地震和洪水从欧洲和非洲分离出来"，接着说"如果有人提出世界地图，仔细考虑三大洲的海岸，破裂的痕迹就会显露出来"。

1620年，英国哲学家弗朗西斯·培根（就是提出"知识就是力量"的人）也发现，南美洲东岸和非洲西岸可以很完美地衔接在一起，认为这种完美衔接不大可能是偶然的巧合。1801年，德国自然科学家，近代气候学、植物地理学、地球物理学和火山学的创始人之一亚历山大·洪堡及其同时代的著名科学家们，都注意到大西洋两岸的海岸线和岩石都很相似。他们认为大西洋原先是一条大河，挪亚方舟曾经行驶其中。

一种新学说的产生，往往是所属学科自然发展的结果，离不开一系列观测和研究成果的积淀。培根和洪堡所处的时代，地质学的基础还不够雄厚。

19世纪中期，大多数身处南半球的地质学家进一步看到了美、欧、澳大陆石炭纪地层中古植物化石的相似性。1858年，法国地理学家安东尼奥·斯尼德·佩利格里尼根据大西洋两岸大陆的生物、古生物亲缘关系，推测大西洋是由大陆漂移形成的。他在《地球形成及其奥秘》一书中解释欧洲和北美洲的煤层中距今3亿年的植物化石为什么如此相同时，还专门绘制了示意图，用于说明大西洋两岸的这两块大陆当时正好可以拼合在一起。

英国博物学家、探险家、地理学家、人类学家与生物学家阿尔弗雷德·拉塞尔·华莱士（Alfred Russel Wallace），因独自创立"自然选择"理论而闻名。他在1889年写就的一篇文章中写道："以前，人们普遍认为地球表面的一些特征也会不断发生变异，在已知的地质时期，大陆和大洋一次又一次地相互改变着位置。"

从1883年到1909年，奥地利地质学家休斯出版了三卷名著《地球的面貌》，从全球的角度考虑地壳运动在时间和空间上的联系，论证了水平运动的重要性，指出倒转褶皱山带是地壳水平运动的证据。他还提出了古地中海和冈瓦纳古陆的概念，认为古代北半球有一个亚特兰蒂斯大陆，南半球有一个以印非大陆为核心的冈瓦纳古陆，两个大陆之间隔着特提斯海（古地中海）。

休斯对地壳综合研究的方法以及对全球构造所做的概括，预示着20世纪全球构造研究新时期的到来。大陆漂移学说就是地质科学发展到一定阶段瓜熟蒂落的产物。

大陆漂移最早是由美国地质学家泰勒提出的。他在1910年出版的《美国地质学会公报》上的一篇文章中，认为大陆是通过"大陆蠕动"移动到现在所处位置的。他首次提出大陆的移动会影响山脉的形成，并将喜马拉雅山的形成归因为印度次大陆与亚洲大陆的碰撞。

现在公认的提出大陆漂移学说的是德国气象学家，在大气动力学、热力学、大气折射、云的光学现象、声波以及地球物理仪器等领域都有贡献的魏格纳。魏格纳声称形成大陆漂移想法时，并不知道泰勒的著作。他的想法来自1910年观看地图时收获的灵感。

魏格纳看世界地图时发现，大西洋两岸的轮廓竟能如此互相对应。他猜想非洲大陆与南美洲大陆曾经贴合在一起。也就是说，以前它们之间没有大西洋，是地球自转的分力使原始大陆分裂、漂移，才形成如今的海陆分布情况的。

1911年秋天，魏格纳开始寻找证据，构建他的大陆运动假说。他读到了"一篇描述非洲和巴西古生代地层动物相似性的文献摘要"。在这篇摘要中，大西洋两岸远古动物化石的相同或相似性，被用来证明当时非常流行的非洲和巴西之间存在陆桥的说法。

魏格纳对化石相似性的印象非常深刻，但他不同意这两块大陆曾由某种形式的陆桥或现已沉没的陆地联结起来的假说，因为这些假说需要对这些陆地或陆桥的沉没或崩解做出解释，而这些解释找不到任何科学证据。

1912年，在法兰克福召开的地质协会会议上，魏格纳做了题为"大陆与海洋地壳大尺度特征演化的地球物理基础"的演讲，发表了大陆漂移的观点。随后，他又在马尔堡科学协会会议上做了题为"大陆的水平位移"的演讲。当时魏格纳年仅32岁。

1915年，魏格纳请了一个长假，写就了《大陆与大洋的起源》，提出了大陆漂移的概念，并且得以出版。在1922年的英文版里，"大陆位移"被"大陆漂移"取代。"漂移（Drift）"有流动、逐渐变化的意味，比"位移"更加准确。

魏格纳曾三次前往格陵兰，开展极地上层大气与冰河学的研究及探险活动。按照曾与魏格纳一起进行第一次考察的劳格·科赫的说法，大陆漂移思想是魏格纳在观察海水中冰层的分解与漂移时形成的。

2. 古陆及其分裂

1885年，奥地利地质学家、大地构造学家休斯提出南半球各大陆是由一个泛大陆分解而成的，他将这个原始古大陆称为"冈瓦纳古陆"。他首创"特提斯海"（即古地中海）一词，认为今日印度—非洲与欧洲之间的一系列山链正是当年特提斯海的位置。

1900年，法国地质学家奥格第一个将地槽和陆台分开。他认为地槽系不是位于大陆的边缘，而是位于两个大陆之间；他把全球划分为较为活动的地槽系和相对稳定的大陆区，认为全球除狭窄的地槽系外，都是大陆区。他认为在地球历史上存在过五个大陆区，即北大西洋、中国—西伯利亚、非洲—巴西、澳大利亚—印度—马尔加什、太平洋，各大陆区之间则是具有深海性质的地槽系。他还借助古生物地理分布论证了地史中曾经存在过的一些古陆。

魏格纳通过对比印度、马达加斯加与非洲的构造、古气候、古生物，运用古气候方面的证据，进一步证明了冈瓦纳古陆曾经存在过。

晚古生代早石炭世以后，形成了统一的冈瓦纳古陆，它与北边的劳亚古陆之间为西窄东宽，形如喇叭口的古特提斯洋所分隔。自晚石炭世起，冈瓦纳古陆内部出现差异升降，形成陆内裂谷。

中生代三叠纪时，非洲东部马达加斯加处形成狭窄海沟，预示着冈瓦纳古陆开始解体。侏罗纪末至白垩纪，印度洋大幅度张开，印度与澳大利亚和南极洲分开，逐渐向北漂移；南大西洋明显扩张，南美洲与非洲分离。

进入新生代后，南极洲向南漂移。大约0.53亿年前，澳大利亚与南极洲开始分离；到渐新世，即0.39亿年前，澳大利亚与南极洲最终分离，并且南极半岛与南美洲分离，形成德雷克海峡，形成了今日的海陆格局。到了近代，红海开始形成，阿拉伯半岛脱离非洲，东非裂谷初露端倪，预示着东非将有进一步的分裂，新的海区或大洋又将诞生。

科迪埃（1827）在矿井下测量了地温梯度为$1°F / 25m$。他推算说，地球表层为厚度100千米的固体地壳所覆盖，地球内部必定是液体。这与笛卡儿、莱布尼茨的早期思想一致。

魏格纳把大陆硅铝层看成与地幔硅镁层互相独立的、完全不同的东西；而板块学说中的大陆地壳（包含硅铝层和硅镁层）与软流圈之上的地幔硅镁层一起组成岩石圈板块，陆地是地幔分异产生而上浮的化学产物，陆地与其下伏的部分地幔是联系在一起的。板块学说中的板块不仅包括大陆板块，还包括海洋板块。

3. 海陆之分

全球陆地被海洋包围，地球表面大约71%是海洋，29%是陆地。地表高程统计结果显示地球有两个面积最大的高程，在100年前人们已熟知了50年的海拔分布：全球统计有两个最大频率，一个是海平面以下4700米，另一个是海平面以上100米（现代测量结果表明，地球陆地部分的平均海拔高度为875米，海洋平均深度为3795米）。这两个差别很大的海拔高度对应着大陆的高度和海底的深度，表明大陆和海底分别有着自己的特征，或者说地球表面存在两种完全不同的地壳。

大陆地壳主要为片麻岩和花岗岩，比较轻，褶皱变形强烈；大洋地壳主要为玄武岩，比较重，相对比较平坦。大洋底的地震波传播速度比大陆上的地震波传播速度快0.1千米/秒。魏格纳将其和重力均衡模型以及地磁观测联系起来，抽象出大陆和大洋两种不同的地壳。

休斯称大洋以玄武岩为代表的基性岩群为硅镁层，有别于大陆以片麻岩和花岗岩为代表的酸性岩群。魏格纳进而将大陆花岗岩层单独称为"硅铝层"，而将大洋玄武岩层称为"硅镁层"。

魏格纳提出的大陆漂移理论的两个核心，一个是大陆的水平运动，另一个是把地表分成陆地和海底、硅铝层和硅镁层。随着科学研究的深入，人们对事物的认识越来越全面。许多科学的进步都伴随着对自然界的区分，比如：人们知道岩石分为水成岩、岩浆岩和变质岩，是一个很大的进步；人们把构造分为稳定的地台与活动的地槽，是一个很大的进步；人们把地球表层分为大陆与大洋地壳、硅铝层和硅镁层，也是一个巨大的进步。

魏格纳认为，大陆由较轻的含硅铝质的岩石（如玄武岩）组成，它们像一座座块状冰山一样，漂浮在较重的含硅镁质的岩石之上（洋底就是由硅镁质组成的），并在其上发生漂移。在二叠纪时，全球只有一个巨大的陆地，他称之为泛大陆（或联合古陆）。风平浪静的二叠纪过后，风起云涌的中生代开始了。泛大陆首先一分为二，形成北半球的劳亚大陆和南半球的冈瓦纳大陆，并逐步分裂成几块小一点的陆地，四散漂移，有的陆地又重新拼合，最后形成了今天的海陆格局。

现在看来，魏格纳首次提出大陆和洋底是地表上两个特殊的层壳，它们在岩石构成和海拔高度上彼此不同这样一种观念，这是他最富创造力的贡献。

4. 重力均衡的应用

有关地壳运动原因的地壳均衡说主要是根据大地测量资料提出的。1837年，英国的J. 赫塞尔从侵蚀—沉积循环角度探讨了地壳的动力均衡问题。19世纪中叶，人们在印度北部进行重力测量时，发现某些点上的实测值比预计的喜马拉雅山引起的偏差值小。英国的J. H. 普拉特由此得出喜马拉雅山的密度可能较小的结论，并认为在地下160多千米深处，质量不均得到补偿，称之为均衡补偿面。G. B. 艾里于1855年根据浮力原理，认为地势愈高，下部陷入愈深，陷入深部的部分称为"山根"。美国的C. E. 达顿于1889年提出"地壳均衡"一词，将其作为地壳升降运动的普遍原因。

19世纪20年代，人们开始利用摆的原理进行绝对重力测量。通过重力测量，人们发现了重力均衡补偿现象。在山区，每上升1千米，重力加速度值降低1~2毫米/秒^2；在海洋区，每下沉1千米，重力加速度值上升2~4毫米/秒^2。这表明高山地区下面的岩石密度小于平均密度，而海洋地区下面的岩石密度大于平均密度。

1854年，普拉特提出重力均衡的概念，表明地下存在着某种补偿作用，在一定程度上削弱了高山的影响。普拉特认为山脉是地下物质从某一深度（补偿深度）起向上膨胀形成的，山脉越高，密度越小，补偿深度以上同截面面积的岩石柱状体的总质量不变。1855年，英国天文学家艾里（Airy）提出了另一假说，他认为山脉是较轻的岩石巨块，它们漂浮在较重的介质之上，仿佛冰川浮在水面上一样，山越高，向下伸入介质中的深度越大，即表明山下存有山根。

此外，大陆区域冰河后期的抬升，像芬兰斯堪的那维亚，为重力均衡的存在提供了某些更可信的证据。芬兰斯堪的那维亚在冰河时期，由于冰层的重载而下沉。随着冰层的融化，其重新回升到与现在荷载相适应的均衡状态。

重力均衡说的出现和广为传播，给固定论设置了一个不可逾越的障碍。根据重力均衡理论，地形起伏造成的载荷差异将在地壳深处得到充分补偿。在某一补偿深度之下，地球的压力处于流体静平衡状态，因此，在补偿界面以上的单位截面柱体的重量必须相等。

根据重力均衡理论，哪里有地表上隆，哪里就有地壳底面的下沉；哪里有地表下沉，哪里就有地壳底面的隆起。也就是与其笼统地说隆升与下沉，不如说是地壳的加厚与减薄：由于地壳加厚而地表隆升，由于地壳减薄而地表下沉。

1978年，麦肯齐（MacKenzie）提出了被动大陆边缘盆地的岩石圈减薄模型。根据麦肯齐的模型，减薄后的下沉量取决于盆地拉张系数 β（引张前后地壳厚度之比）。麦肯齐的岩石圈减薄模型已经被广泛应用于油气勘探的盆地分析中。

地壳减薄主要是水平拉升造成的，而地壳加厚主要是水平短缩造成的，地壳的加厚与减薄决定了地表的隆升与沉降。这样地表的升降主要与地壳的水平缩短与拉伸有关，固定说因此失去了依据，大陆漂浮学说也就顺理成章了。

魏格纳的密友、天文学家冯特说，魏格纳在数学、物理学等研究方面并没有什么过人的天赋，但是他善于充分利用已有的知识，把每一件事情正确地组合起来，应用严谨的逻辑判断能力，得到最终的结论。他正是据此把大陆轮廓的相似性与遥远的构造、生物、气候联系起来，把地质和地球物理联系起来的。

5. 大陆漂移的两种驱动力

1829年，法国地质学家博蒙提出了冷缩说，认为地球由最初的熔融状态逐渐冷却，凝成一层壳层；继续冷却后，半径缩短，壳层弯曲而成缓慢起伏的不规则表面；再冷却后，压力增大，使壳层突然破裂。破裂处的一边由于压力消失而被抬升，形成山脉；另一边下陷，往下移动时，由于收缩的侧压力形成一系列褶皱，其平行于裂缝并消失于远处。在地壳变形过程中，地下熔融物质被推挤上升，沿裂缝凝成岩体，如山脉轴部花岗岩体，从轴线向两侧斜面连续堆积沉积层，沉积层层面呈倾斜状或水平状延及山麓，扩展到平原。博蒙强调构造运动全球性突变，但他的突变论与居维叶的灾变论不同。他不求助超自然力，只是依据对山脉的实际考察，产生出了冷缩、挤压而急骤隆起的造山思想，得到了许多地质学家的支持。

泰勒在20世纪初把大陆漂移的动力归结为地球自转产生的离心力。这种力在赤道处最大，向两极逐渐减小，到地极处为零。为了说明大陆漂移发生在第三纪，他假定那时地球因俘获了快速旋转的月球作为卫星而增大了自转速度，因而导致离心力增大，造成大陆漂移。但这种力很小，只为引力的1/300。所以，魏格纳主张月球和太阳引起地球的潮汐摩擦力，减小了地球的自转速度，而地球自转速度减慢会产生一种力，推动大陆向西漂移。

重力是地球的引力与地球自转离心力的合力，杜托特用重力驱动机制说明大陆漂移。这种重力说实际上是一种古老的地质构造说。地球内部的重力随深度的增加而增加，到核面开始直线下降，到地心处为零。地球重力的不平衡是地壳运动的重要原因。

离极力说也同地球自转有关。离极力是浮力与重力的合力，这一概念是姚特佛斯首先提出的。由于它的方向指向赤道，故魏格纳将它作为驱动大陆块向赤道方向移动的原动力。其后爱泼斯坦等人通过计算证明，离极力确实能推动大陆块移动。

地壳与地球内圈的相对运动也是地球自转的一种次级效益。在地球的地质演化过程中，内圈物质不断向中心集中，使内圈的转动质量不断变小，因而自转动量不断加大。又由于地幔与地壳之间有一薄的软流层，故内圈的自转速度大于地壳的自转速度，二者发生相对运动，即地壳相对于内圈做反自旋方向运动，于是提供了一种驱动大陆块向西移动的原动力。近年媒体已报道了地震波分析的结果：内核自转速度比地壳的自转速度快少许。

魏格纳承认，"漂移力这一难题的完整答案，可能需要很长时间才能找到"。

6. 激烈论战

魏格纳的大陆漂移学说发表以后，20世纪20年代，国际科学界就此展开了一系列全球性的激烈争论，随后该学说陷入了有些声名狼藉的境地。

当时支持魏格纳的人很少。支持者认为如果魏格纳的理论最终被证实，将会发生一场与"哥白尼时代天文学观念的变革"相似的"思想革命"。

更多的人持反对意见。这个大胆的设想就像伽利略时代的哥白尼学说一样，直接反对几乎所有地质学家和地理学家的传统思想，在世人眼中是荒谬的"异端"。大陆漂移学说在大学的地学课堂上遭到师生的齐声嘲笑。在美国地质学会1922年召开的一次会议上，有这样的说法："如果我们接受魏格纳的假说，就必须忘掉过去70年中的全部知识，并且一切从头开始。"

除了顽固的保守主义作怪，大陆漂移学说的动力问题也未解决。物理学家通过计算表明，地球自转离心力、日月引力和潮汐力实在太小了，根本无法推动广袤的大陆。正如格伦所说的："脆弱的陆地之舟，航行在坚硬的海床上。"这显然是不可能的。

法国地质勘探局局长P. 特迈认为，魏格纳的理论仅仅是"一个漂亮的梦，一个伟大诗人的梦"。耶鲁大学教授查理·舒克特认为魏格纳是一个在古生物或地质学领域中没有做过任何实际工作的人，他断定："一个门外汉把他掌握的事实从一个学科移植到另一个学科上，显然不会获得正确的结果。"

魏格纳的两个主要支持者是亚瑟·霍尔姆斯和南非地质学家亚历山大·杜·托依特。霍尔姆斯认为只需塑性地幔即可缓慢流动，进而实现大陆漂移。托依特知道，"漂移说体现了一个伟大而又根本的真理"，接受大陆漂移学说意味着要"重修我们全部的教科书，不仅包括地质学教科书，还包括古地理学、古气象学和地球物理学的教科书"。

瑞士诺伊夏特地质学院的创始人和院长埃米尔·阿岗德（E. Argand）也是大陆漂移学说的支持者。1924年，在《亚洲地质构造》一书中，他解释了亚洲屋脊的形成，首次提出了印度次大陆在向北漂移的过程中与亚洲大陆主体碰撞，并俯冲亚洲大陆之下的观点。

1930年，魏格纳第三次深入格陵兰岛考察时，不幸长眠于冰天雪地之中，年仅50岁，他的遗体在1931年夏天才被发现。魏格纳长眠于格陵兰的积雪中，大陆漂移学说则被尘封在图书馆的书架上。像许多新思想一样，大陆漂移学说在开始阶段被当作不正确的理论抛弃了。

大陆漂移学说多年来一直不被接受，一个原因是缺失合理的驱动力；另一个原因是，魏格纳对大陆运动速度的估计（250厘米/年）高得令人难以置信。目前，美洲与欧洲、非洲的分离速度约为2.5厘米/年。其他地质学家也认为，魏格纳提供的证据是不够的。现在人们普遍认为，承载大陆的板块确实在地球表面移动，尽管没有魏格纳所认为的那么快。具有讽刺意味的是，魏格纳未能解决的一个主要问题，即推动板块运动力量的实质是什么，依然没有得到满意的解决。

二、从大陆漂移学说到海底扩张说

库恩在《科学革命的结构》中说，如哥白尼、爱因斯坦的科学革命过程，从最初意识到旧规范崩溃到新规范出现要经过相当长的时间。一种新规范的建立，不仅需要补充系统链条中缺失的关键点，确立一系列新的概念和方法，形成一整套完整的新思想，而且需要给人们留有抛弃旧观念、接受新思想的时间。在地学大革命中，从大陆漂移学说唤醒人们意识到旧规范的崩溃，再到板块构造学说新规范的出现，经历了约半个世纪的时间。

海底扩张说阶段就是大陆漂移学说到板块构造学说这个科学革命过程的一个重要阶段，它补充了大陆漂移学说所缺失的有关海底的知识，确立了海底扩张等一系列概念。它提出了一种崭新的思想，即大洋壳不是固定的和永恒不变的，而是会经历"新陈代谢"的过程。由原本大陆水平移动的想法进化到涉及地球内部运动的模型，使得板块构造学说呼之欲出。从大陆漂移学说到海底扩张说，用洋壳变动的资料来填补大陆漂移学说的不足。除了新学说被理解需要时间外，人们还需要进行古地磁研究和大规模的海洋调查，这样两个学说相隔了约50年。

20世纪50年代是从大陆漂移学说向海底扩张说发展的关键时期。古地磁研究有许多重大发现。第二次世界大战之后，美国和英国开始了大规模海洋地质调查，大量测定海底岩石年龄，发现海底岩石年龄不超过2亿年，而且离大洋中脊愈近年龄愈轻，离大洋中脊愈远年龄愈老，不同年龄的岩石在海岭两侧对称分布。

1961年，美国地震地质学家迪茨（R. Dietz）提出了"海底扩张"的概念。1962年，美国地质学家哈里·赫斯（Harry Hammond Hess）发表了《大洋盆地的历史》，首先提出了海底扩张说。1963年，22岁的英国剑桥大学的研究生弗雷德里克·维恩（F. Vine）和他的导师海洋地质学家、地球物理学家马休斯（Matthews）通过海底磁异常条带的研究，对海底扩张说做了进一步论证，为大陆漂移学说提供了有力的支持。

海底扩张说解释了一些大陆漂移学说无法解释的问题。20世纪60年代后，被人们一度冷落的大陆漂移学说又重新受到人们的重视。

1. 古地磁研究与大陆漂移学说的复活

大西洋两岸曾经在一起的一些地质构造、古生物、古气候证据也可以用作大陆桥存在的证据。为了证明两岸大陆有过长距离的漂移，我们需要有更有说服力的证据。20世纪50年代绘制的古地磁极移曲线正好提供了这样的证据。

古地磁学通过研究天然剩磁来重建过去的地磁场，主要涉及地磁极移动和地磁场倒转两个方面。20世纪50年代时的古地磁研究有许多重大发现：古地磁极移曲线使地学界开始认识到大陆漂移学说的价值；以地磁场倒转规律为基础建立的近五百万年的古地磁极性年表，成为洋脊扩张的有力基础。

（1）极移曲线。

岩石在冷却和凝固的过程中，其中的铁矿粒子永远指向当时的磁极。地磁场就如生物化石一样被保存在岩石当中。20世纪40年代，英国物理学家布莱克特研制出了精密地磁仪，为测定岩石中微弱的"热剩磁"提供了可能。1957年，布莱克特发现，在不同地质时期中，地磁极是移动的。

古地磁研究结果表明，由同一大陆、同一地质年代的岩石标本得出的古地磁极位置基本一致，但由不同大陆、同一地质年代的岩石标本得出的古地磁极位置往往不同。由同一大陆、不同地质年代的岩石所得到的古地磁极位置连成的曲线叫作极移曲线。极移曲线反映了大陆在不同地质年代位置发生了变动。

20世纪20年代，英国是反对大陆漂移学说的坚强堡垒。但到了20世纪50年代末，英国已经有一批地球物理学家首先转变为支持者。20世纪50年代初期，英国研究古地磁的有两支队伍：一支是由布莱克特领导的伦敦皇家学院小组，一支是由朗科恩领导的剑桥大学小组。布莱克特领导的伦敦皇家学院小组在1954年率先宣布一种英国三叠纪红色砂岩的古纬度要比目前低得多，因此他们认为英国在2亿年间向北移动了很大的距离。然而朗科恩认为古纬度的差异也可以由磁极游移造成。朗科恩小组于1956年比较了北美和欧洲的两条极移曲线后发现，北美和欧洲在三叠纪以前是合在一起的。于是，朗科恩认识到了大陆漂移学说的价值。20世纪50年代末，朗科恩去美国做较长期的学术访问，宣传自己的研究成果，为美国学术界后来以另一种形式复兴大陆漂移学说起到了不小的推进作用。

另一个剑桥大学教授欧文也对极移做出了重要贡献，欧文离开剑桥大学以后，到澳大利亚研究澳大利亚、印度、北美和欧洲的磁极游移路径，结果发现各大陆的磁极游移路径均不相同。各大陆都历经长期漂移，且移动路径与魏格纳所描述的十分接近。

极移曲线的研究成果使多数人相信大陆漂移学说是可信的。

（2）地磁场倒转。

1906年，法国科学家布容在法国司马夫中央山脉地区考察时，意外发现那里的火山岩形成时的地磁场方向与现代的地磁场方向正好相反。随后，其在其他地方也观测到了同样的事实。人们发现，地球的磁场并不是永恒不变的，地质历史中南、北磁极在不断交替，称为地磁场倒转。随着反向磁化岩石的普遍发现和实验室工作的进展，地磁场倒转的观点逐渐被人们接受。

1958—1961年，美国加利福尼亚大学斯克里普斯海洋研究所的梅森、拉夫和瓦奎尔在东北太平洋处发现条带状磁异常，在南北几百千米范围内呈条纹状分布。结合使用岩石年代测定技术，他们弄清了以往数百万年间曾经多次反复出现的地磁场逆转的历史。

20世纪50年代的工作成果主要是通过测定正、反向磁化的熔岩标本的同位素年代建立了地磁年表，根据陆上熔岩测定建立了450万年以来的地磁年表，1963年最早的地磁极性转向年表得以发表。火山喷发具有间歇性，而深海沉积物经常是连续沉积，这样，深海沉积物便提供了连续的地球磁场的历史记录。

1964年的时候，美国科学家科克斯制作了一个大约300万年以来的地磁场极向年表，科学家们这才对海底扩张的假说转变了态度，开始慢慢地认可与赞同这个学说的理论。

1966年，人们查明大洋的沉积岩芯都具有正反向磁化层相互交替的完整顺序，把这些磁化顺序与地磁年表相互对照，进一步完善了原有的地磁年表。目前比较系统、准确，得到公认并经常加以使用的是500万年以来的地磁极性年表，是由美国的A. 考克斯（A. Cox）于1969年编制的。地磁极性年表为描绘洋脊扩张的信息图像奠定了基础。

2. 洋中脊与洋壳的新生

魏格纳描述的大陆块漂移是大陆块在海洋地壳的硅镁层上进行的，因此应该在大洋地壳中留下某些证据。20世纪中期的海洋调查，正好提供了大洋扩张的详细图像。

（1）洋中脊。

洋中脊纵贯太平洋、大西洋、印度洋和北冰洋，由玄武岩组成，并具有与洋盆大致相同的地壳结构，但洋壳的厚度更薄。洋中脊高热异常。

1866年，人们跨越大西洋铺设了第一条电缆。铺设海底电缆的人发现，大西洋中部有一条长达19000千米的裂缝。

1925—1927年，德国"流星"号用电子回声测深法对大西洋中脊进行了详细的测绘。20世纪30年代末，人们又相继发现了印度洋中脊和东太平洋洋脊。

20世纪50年代，美国海洋地质学家B. C. 希曾和W. M. 尤因发现大西洋中脊、印度洋中脊和东太平洋洋脊首尾相连，构成了环绕全球的大洋中脊体系，为海底扩张说和板块构造学说的问世奠定了最重要的基础。

1962年，美国的赫斯对洋盆形成做了系统的分析和解释。他明确强调地幔内存在热对流，洋中脊下的高温上升流使中脊保持隆起并有地幔物质不断侵入，遇水作用发生蛇纹石化而形成新洋壳，先存洋壳因此不断向外推移，至海沟、岛弧一线受阻于大陆而俯冲下沉，融熔于地幔，达到新生和消亡的消长平衡，从而使洋底地壳在2亿~3亿年间更新一次。这一理论为板块构造学的兴起奠定了基础，触发了地球科学的一场革命。

20世纪70年代，法、美联合以及法、美、墨联合，对大西洋中脊和东太平洋洋脊进行了包括潜水器考察在内的地质、地球物理综合调查，对大洋中脊的地壳性质、火山活动和构造运动有了进一步的认识。

（2）洋脊的地磁条带。

20世纪50年代以来，随着海洋地质调查的进行，放射性同位素测年发现海底岩石的年龄很小，一般不超过2亿年，而且离大洋中脊愈近，岩石年龄愈小；离大洋中脊愈远，岩石年龄愈大，并且在海岭两侧呈对称分布。美国海洋地质学家H. 赫斯推断地幔物质从海岭顶部的巨大开裂处涌出，凝固后形成新的大洋地壳。以后继续上升的岩浆又把原先形成的大洋地壳以每年几厘米的速度推向两边，使海底不断更新和扩张。

洋脊处的熔岩涌出后逐渐冷却，当冷却到居里温度（指磁性材料中自发磁化强度降到零时的温度）时，岩石中的铁磁性矿物按当时的地球磁场方位和强度被磁化。洋中脊两侧洋底磁异常大致平行于洋中脊轴线延伸，正负异常相间排列并对称地分布于大洋中脊两侧。

洋底磁异常记录了周期性发生的磁场反转，反映了地磁场周期性的反转。同位素测年表明，临近洋中脊磁异常条带的岩石较远离洋中脊磁异常条带的岩石为新。磁异常条带的宽度与海底扩张速度成正比，把每一异常条带与脊轴间的距离按顺序标绘在磁性年表上，所得直线的斜率即为海底扩张速度。

Raff & Mason（1961）首次发现海底普遍存在磁异常条带，且相邻条带的极性相反，但开始时这些条带关于洋脊的对称分布并没有被人们注意到，磁异常条带是如何形成的也并没有得到解答。

1963年，维恩和他的导师D. H. 马休斯用地磁场极性周期性倒转的地磁反向周期特征，对印度洋卡尔斯伯格中脊和北大西洋中脊的洋底磁异常特征做了分析。洋中脊区的磁异常呈条带状，正负相间，平行于中脊的延伸方向，并以中脊为轴呈两侧对称分布，其顺序与地磁反向年表一致。这就证明了洋底是从洋中脊向外扩展而成的，洋底磁异常条带因顺序相同而具全球可比性。

海底中脊两侧磁异常条带呈对称分布，扩张的海底就像录音磁带一般记录了地磁场转向的历史。根据远离脊轴的磁异常条带的宽度，结合扩张速率，我们可以确定相应极性间隔的时间，从而将地磁年表外推到中生代（1.6亿年前）。

20世纪60年代开始的一项全球性大洋钻探计划DSDP，从1968年8月11日开始，至1983年11月结束。正是DSDP在大西洋洋底的钻探取样和测年分析，发现从大洋中脊向两侧的玄武岩基底年龄越来越大，为洋底扩张的假说提供了决定性的证据。

（3）转换断层。

大洋中发育着许多横切洋中脊、平行排列的断裂带，洋中脊被切成一段段的，就像人的肋骨一样。这些间距50~300千米的断裂带互相平行，它们不仅使两侧洋底有很大高差，而且错断了洋底的重力和磁异常条带。这些断层不同于一般的走滑平移断层，走滑平移断层两侧在整条断层上均有相对运动，但转换断层只在错开的两个洋中脊之间有相对运动，在远离洋中脊的外面，转换断层两侧并无错动特征。

以前人们一直认为这些横向断层是平移断层，威尔逊于1965年提出了与众不同的转换断层的概念，意思是断层的运动方向和运动性质在断层的两端发生了转换，由平错变化为拉开，表现为以脊轴为界，左右两侧的地质体整体做同步的分离运动。

转换断层产生的原因是大洋中脊轴部向两侧扩张而引起相对运动，两段中脊之外，断层两侧的海底扩张方向相同。

走滑平移断层是由断层两侧地壳互相错动引起的，而转换断层是由洋中脊的扩张引起的。转换断层的概念，让人们实实在在地看到了洋壳扩张，看到了洋中脊洋壳的新生和向两侧推开。测量与计算结果表明，太平洋的扩张速率为5~7厘米/年，大西洋的扩张速率为1~2厘米/年。

3. 海沟与洋壳的消亡

海底扩张的事实已经是确凿的了，但是扩张后的洋壳到哪里去了？海沟附近洋壳的俯冲回答了这个问题。

（1）海沟。

海沟是分布于大洋边缘的狭长的、两坡陡立的海底凹地。魏格纳讨论了深海沟的性质，把深海沟看作一种边界裂隙——一边是硅铝质组成的岛弧，另一边是硅镁质的深海底。

1900年，世界上已有13个地震台。20世纪30年代，日本地球物理学家和达清夫发现海沟附近存在一个由浅到深的震源带。美国地震学家H. 贝尼奥夫将1906—1942年所发生地震的震源投影出来，发现它们大都集中于一个长4500千米的斜坡上，浅震发生在海沟之上，深震则发生在离海沟较远的大陆深处。

需要指出的是，当时地震定位精度很差，没有人能从当时的定位结果中看出这里有板片俯冲的存在。那时候很多学者都试图解释岛弧地区的地震分布，著名地质学家古登堡认为地球内部可能存在深达700千米的巨大逆冲断层并导致了地震发生，但这在物理上是完全不可能的。同时，由于观测精度问题，有段时间人们甚至认为岛弧地区的地震是走滑成因的。

1954年，贝尼奥夫把太平洋中的倾斜地震带解释为大洋块冲入上覆大陆块的一个倾斜面。在后来的板块构造学中，这种解释被发展成系统的板块俯冲概念。这个倾斜地震带被叫作贝尼奥夫带。

海沟的另一个重要的地球物理特征是重力负异常。海沟的自由空间异常值可低至-200毫伽以下，这是由于俯冲作用使海底岩石圈下沉，导致重力值降低，形成重力负异常带。海沟的热流值仅为1HFU左右，低于地壳平均热流量。这是由于俯冲的速度较快，岩石的热导率极低，下插板块的温度就来不及接近同深度地幔的温度，海沟及海沟内壁附近出现很低的地温梯度和热流值，海沟深部可出现高压低温变质作用，发育蓝闪石片岩相。

深海沟实际上是大洋地壳与大陆壳相撞时，由于大洋地壳密度较大，又处于较低部位，便俯冲于大陆壳之下形成的。这也是大洋地壳消亡的地方。

（2）海底扩张与消亡。

英国地质学家霍姆斯（Holmes）1928年发表了《放射性活动与地球运

动》一文。在这篇文章中，他提出了"地幔对流说"。霍姆斯于1915年用放射性方法首次测定地球年龄为45.5亿年。他指出岩石在高应变速率下可能为刚性，但在低应变速率下为韧性，如果地幔变形时间足够长，并不需要成为"流体"，只需塑性即可缓慢流动，进而实现大陆漂移。霍姆斯认为其驱动力为放射性热产生的地幔对流，洋中脊只不过是"上升流"导致大陆发生破裂的部位。

1961年，美国地震地质学家R. 迪茨（R. Dietz）提出了"海底扩张"的概念。地幔中放射性元素衰变生成的热使地幔物质以每年数厘米的速度进行大规模的热循环，形成对流圈。它作用于岩石圈，成为推动地壳运动的主要力量。洋壳的形成与地幔对流有关。洋底就是对流圈的顶，它在洋底的离散带处形成，并缓慢地向敛合带扩张。总的来看，洋底构造是地幔对流的直接反映，洋脊是地幔物质上涌的部位，海沟是地幔物质下降的部位。

赫斯对洋盆形成做了系统的分析和解释。大洋壳俯冲到地幔之中，由于拖曳作用形成深海沟。大洋壳被挤到700千米以下，为高温熔融的地幔物质所吸收同化。向上仰冲的大陆壳边缘，被挤压隆起成岛弧或山脉，一般与海沟伴生，如太平洋周围分布着的岛屿、海沟、大陆边缘山脉和火山。

洋壳在中脊处产生，并不断向外推移。在洋底扩张过程中，其边缘遇到大陆地壳时，扩张受阻碍，于是，洋壳向大陆地壳下面俯冲，重新钻入地幔之中，最终被地幔吸收。这样，大洋洋壳边缘出现很深的海沟，在强大的挤压力作用下，海沟向大陆一侧发生顶翘，形成岛弧，从而使岛弧和海沟形影相随。这样使洋底地壳在2亿~3亿年更新一次。这一理论为板块构造学的兴起奠定了基础。

1962年，哈里·赫斯在阐述他的海底扩张说时，很清楚他的理论"与大陆漂移学说并不完全相同"。按照大陆漂移学说的思想，"大陆受某种未知力的驱动，在海底壳层上漂移"，但他的理论的基本思想是大陆"被动地浮在地幔之上，当地幔物质从海底海丘上流出时，大陆便横向移动开来"。

（3）威尔逊旋回。

1966年，加拿大地球物理学家威尔逊（Wilson）发表了一篇论文，引用了先前的板块构造重建，认为在联合古陆之前还应存在过更早期的曾拼合在一起的早期"泛大陆"。这种大陆崩裂，洋盆的开启与闭合，被理解为开始与终结可以重复出现的构造旋回，其现在被称为"威尔逊旋回"。1974年，杜威和伯克进一步改善了大洋盆地从生成到消亡的演化循环，用"萌发期→青年期→成熟期→衰落期→终结期→地缝合线"来表达，相对应的实例为"东非裂谷→红海亚丁湾→大西洋→太平洋→地中海→喜马拉雅山"。

威尔逊旋回告诉我们，大洋地壳的一生呈现出了形成、推移、扩张、消亡的传送带模式。海洋开闭过程在地质历史中反复出现，即构造运动具有周期性。

1965年，英国皇家学会举行了一次关于大陆漂移的讨论会，布拉德通过计算机计算表明大西洋两岸的大陆可以完美地拼合在一起，以大陆坡脚（水深915米处）拼合是最合适的，这就是著名的"布拉德适应"。该讨论会可以被视为科学界正式接受大陆漂移学说的开始。

海底扩张说可以解释大陆漂移的动力学机制，使大陆漂移学说重新兴起，地壳存在大规模漂移运动的观点取得了胜利，也为板块构造学说的确立奠定了基础。

三、从海底扩张说到板块构造学说

人们常把大陆漂移学说、海底扩张说和板块构造学说称为全球大地构造理论发展三部曲。

　　大陆漂移学说主要关注大陆，海底扩张说关注大洋，而板块构造学说把大陆与大洋结合到一起。从大陆漂移学说、海底扩张说到板块构造学说，经历了从表层驱动到深层驱动，再到表层-深层驱动的发展，有些类似于黑格尔的"正-反-合"三段论。

　　海底漂移说证实了水平运动，提供了地幔对流的力。赫斯的海底扩张模型，表达了新生洋壳在扩张的洋中脊处不断形成，但赫斯表述的一些细节有错误，比如上升的地幔对流位于扩张洋中脊的中心，认为新生的洋壳是蛇纹岩等，这样就使人们产生了很多的困惑。

　　在1968年提出板块构造学说时，板块构造学说创始的三巨头——英国麦肯齐、美国摩根（W. Morgan）、法国的勒皮雄（Le Pichon），一个26岁，一个33岁，一个31岁。摩根年纪最大，勒皮雄老二，麦肯齐最小。法国的勒皮雄正在美国哥伦比亚大学拉蒙特观测所研究海洋地质。摩根最著名的工作是将海洋磁异常应用于海底扩张和板块构造。他也是第一个提出"热点"和"三联点"的人。他于1964年获得物理学博士学位，1967年到普林斯顿大学地质系工作。工作期间，与弗雷德·维恩共事两年。摩根是一个深思熟虑的理论家，喜欢仔细考虑他提出的问题。

　　身为剑桥大学物理学博士，麦肯齐的数理基础最好，主要完成了板块几何学，开创了一种定量的、数据驱动的地球科学方法。他曾经在加州大学圣地亚哥分校斯克里普斯海洋学研究所工作了八个月。他后来回忆说，没有什么比在加利福尼亚的那八个月对他产生更深远的影响了。提出板块构造学说时，他正在博士后期间，突然意识到，应该用刚性板块来思考。这意味着摆脱了板块边界和下方环流之间的联系，于是他运用球体几何描述刚性板块的运动，与B. Parker合作的文章发表在1967年的《自然》杂志上。

　　1967年，美国地球物理学会的春季会议上，摩根提交了一份关于洋底扩张的摘要，但他在会上讲的是另一个主题——板块构造，认为地球表面是由12个相对运动的刚性板块组成的。在洋脊处不断增生更新的过程中，板块与地球表面发生刚体位移，直到海沟处才被俯冲所吞噬。

当时在美国哥伦比亚大学拉蒙特观测所工作的勒皮雄，听了摩根的报告后颇受启发。他捷足先登，率先在1968年5月出版的权威的《地球物理学研究杂志》上与麦肯齐、摩根等一起提出全球板块运动模式，指出地球表面是由太平洋板块、欧亚板块、印度洋板块、非洲板块、美洲板块和南极洲板块镶接而成的。这六大板块经过近2亿年的运动，才到达今天的位置。他们还对这六个板块的运动方向和运动速度进行了精密计算。该论文的发表，标志着科学界对板块构造学说的最终认可。很显然，六个板块的模型比12个板块的模型更容易得到人们的赞同和接受。

板块构造学说运用了球面几何板块对地幔的作用，把上下联系在一起。最重要的是，其建立了可检验的运动学，应用欧拉几何学计算得到的板块运动模式得到了卫星观测数据的证实。海底漂移说之后，很快地提出板块构造学说，得益于良好的国际地学交流学术环境，而且正好是几个学识广博、才华横溢、精力充沛的美、英、法年轻地球物理、地质学家凑在一起。从海底扩张说到板块构造学说，是给整个地球表层这个庞大的机器配上一个合适的运动准则——球壳的欧拉定律。由于主要是理论模式研究，几个主帅又亲自参与了海底扩张研究，因此1962年提出海底扩张说后，1968年就形成了板块构造学说，中间只有几年时间。

板块构造学说建立了一个统一的系统的科学体系，把地学带到了现代科学的行列。板块运动不仅考虑人们熟悉的陆地，而且考虑海洋；不仅考虑地球表面的地壳，而且考虑深部的地幔；不仅考虑地质历史的构造变形，而且考虑地震、火山等现今的构造活动；不仅涉及地质学，而且涉及地球物理、地球化学；不仅用锤子、罗盘、放大镜，而且需要用数理方程、计算机和卫星。板块构造学说是有一整套概念、推论、原理的系统化、理论化的现代知识体系。

1. 从陆块到板块

大陆漂移学说和板块构造学说都着眼于地球表面的硬块，然而硬块的概念不同。大陆漂移学说主要着眼于大陆块，而板块构造学说研究的是岩石圈板块。不仅层次不同，涉及范围不同，变形也不同。魏格纳认为硅铝质大陆块如同脂蜡，容易褶皱断裂，却不易流动；勒皮雄等人则认为岩石圈板块可视为刚体，地球表面的变形主要发生在板块之间的边界处。

目前主流的看法是太古代的原始地壳成分接近上地幔，硅铝质和硅镁质尚未较完全分异，因此太古代时期的地壳是很薄的，当时地球的表面还是海洋占有绝对优势。太古代晚期形成了稳定的陆核。之后陆核转变为原地台和古地台，元古代时期地球大部分仍然被海洋占据，大陆性地壳逐渐由小变大、从薄增厚，岩性也从偏基性向偏酸性方向转化。元古代晚期震旦纪时，地球上出现了一些大陆古地台。

18亿年前，地球上形成哥伦比亚超级大陆，13亿年前分裂，11亿年前又形成罗迪尼亚超级大陆。罗迪尼亚超级大陆大约在7亿5千万年前分成两半，6亿年前形成潘诺西亚超级大陆，在约5.4亿年前（前寒武纪）时分裂。约2.5亿年前潘加古陆形成，也就是魏格纳提出的潘加联合古陆。

休斯在《地球的面貌》（1885）中首次提出稳定陆块的概念，并区分出五大古陆块：①劳亚古陆，包括现代的北美洲、欧洲和亚洲（除阿拉伯半岛外）；②芬兰—斯堪的亚古陆（即波罗的地盾），包括北欧诸国和俄罗斯的科拉半岛至卡累利一带；③安加拉古陆，西伯利亚地台；④冈瓦纳古陆，包括今南美洲、非洲、澳大利亚、印度半岛和阿拉伯半岛；⑤南极古陆，1.8亿年前从冈瓦纳古陆中分裂出来。

魏格纳讨论的漂移的大陆大体沿用休斯的概念，大陆地壳的主要成分是片麻岩和花岗岩，也就是硅铝层，它是与地幔硅镁层相互独立的东西。

魏格纳认为大陆块漂浮在液态硅镁层上，如海洋中的冰山。如果是这样，重力和浮力应该处于平衡状态。但是重力测量表明，许多大陆地区并不处于重力均衡状态。而且，大陆表面有高山、盆地，大陆底下有的是厚地壳的山根，有的是薄地壳的盆地。硅镁层的黏滞系数比水大得多，大陆在硅镁层上的漂移会受到无比巨大的阻力。

魏格纳认为大陆硅铝层是浮在硅镁层上漂移的，然而地球物理研究发现，大陆硅铝层之下的下地壳上部并没有普遍的地震波低速层。这里的硅镁层既没有足够的温度熔化，又没有水平错动的迹象。

板块构造学说采用岩石圈板块的概念，岩石圈包括上、下地壳和最顶层的地幔，它们构成了地球坚硬的外层。

最早提出岩石圈概念的是英国力学家A. E. H. 洛夫（A. E. H. Love），1911年出版的《地球动力学的几个问题》首次提出岩石圈作为地球坚硬外层的理念，美国的巴雷尔于1914年介绍了"岩石圈"一词。他推断，在一个可以流动的较弱层（他称之为软流圈）之上一定存在一个很强的上层（他称之为岩石圈）。尽管岩石圈和软流圈的概念在板块构造学说出现之前就已经形成了，但板块构造学说认为采用50年前的概念是必不可少的。

岩石圈与软流圈的边界是由应力响应的差异定义的：岩石圈在相当长一段时间内保持刚性，在这段时间内，岩石承受弹性变形和脆性破坏，软流圈则主要承受黏性变形和塑性变形。古登堡在1926年测定了地下100~200千米深处的低速层（古登堡低速层），这里的地震波波速明显下降。据推测，这里温度约1300℃，压强有3万个标准大气压，已接近岩石的熔点，因此形成了硅镁质的塑性体，在压力的长期作用下，以半黏性状态缓慢流动着。这就构成了上地幔较弱、较热的软流圈。

1968年法国地质学家勒皮雄与麦肯齐、摩根等人提出的板块构造学说，划分出六大板块——欧亚板块、太平洋板块、印度洋板块、非洲板块、美洲板块和南极洲板块。

此外，还有12板块方案：美洲板块划分为北美板块、南美板块和加勒比板块，南极洲板块划出纳兹卡板块和科科斯板块，太平洋板块划出菲律宾板块，印度洋板块划出阿拉伯板块。之后DeMets等人（1990）建立了一个涵盖全球板块运动的新的全球数值模型NUVEL-1，用于描述过去300万年的平均板块运动。改进后的NUVEL-1A模型扩展到14个板块，包括亚欧板块、阿拉伯板块、非洲板块、印度板块、北美板块、南美板块、南极洲板块、澳大利亚板块，以及太平洋板块、菲律宾海板块、纳兹卡板块、科科斯板块、加勒比板块、胡安·德富卡板块。Bird-2002模型则包括14个大板块和38个小板块。这里胡安·德富卡板块从太平洋板块中划出，澳大利亚板块从印度洋板块中划出。

2. 非线性流变学与板块几何学

从构造物理观点来看，由于岩石流变性质的非线性，地壳变形主要集中在一些狭长的地带上，这些活动带之间的广阔区域则只承受很小的变形。这些广阔区域就是块体，而狭长的活动带是块体间的边界。流变学本构关系的非线性主要表现为应变速率与应力关系中应力项的指数n上，n越大，则非线性越强烈，活动带越窄。

板块边界是地壳变形的主要地带，地震几乎全部分布在板块的边界处，火山也特别多地发生在边界附近，其他如张裂、岩浆上升、热流增高、大规模的水平错动等，也多发生在边界线上。地壳俯冲是碰撞边界划分的重要标志之一。

地球表壳绝大部分运动都发生在板块边界上，板块内部变形与板块边界变形相比小得多，这样就可以假设板块内部变形可以忽略不计，或者假设板块是刚性的。虽然这种假设下计算的板块运动存在百分之几的误差，但是这种刚性板块的假设使我们可以应用球面几何学来计算板块的相对运动，把地质学从定性描述提高到定量计算的阶段。

　　这样，我们把板块运动描述为发生在球面上的刚性块的运动，这里地球是一个半径定常的球体，实际上地球两极处的半径比赤道处的半径小约20千米，只有千分之三的误差。

　　麦肯齐、摩根等人建立了板块运动几何学的研究方法。根据欧拉几何学原理，对一个球面上的任意曲线，可以选择一个通过球心的轴，该曲线绕轴转动后，可以转换到球面的任意位置与任意方向上。也就是说，地球上任一个表层刚性块体，可以通过绕着某一个轴的转动移到一个新的位置上，这个通过球心的轴叫作欧拉轴。欧拉轴与地面的交点称为欧拉极。

　　地球上任一点的运动可以根据该点所处板块的欧拉极确定，或者说地球上任一点的运动只要三个参数就可以确定（欧拉极的经纬度及其旋转角速度）。而且如果我们知道板块之间的相对运动 $A\,\Omega\,B$ 和 $B\,\Omega\,C$，则几个板块的速度计算遵循闭合关系：

$$A\,\Omega\,C=A\,\Omega\,B+B\,\Omega\,C$$

　　根据板块运动几何学，Chase（1972）、Minster & Jorden（1978）用地质学方法建立了全球板块运动模型。首先根据在5~10Ma或3Ma的洋中脊的扩张量，或者海沟俯冲板块消减的距离，计算板块边界断层平均运动速率，运用最小二乘法计算相关板块的欧拉极与角速度。

　　Minster & Jorden（1978）的板块运动模型RM2得到了广泛的运用。之后DeMets等人（1990）在RM2模型的基础上，利用更多的数据，包括地震反演得到的断层滑动矢量，建立了一个12个板块的全球板块运动的新的全球模型NUVEL-1，用于描述过去300万年的平均板块运动。扩展到14个板块的NUVEL-1A成了现今运用最广泛的全球板块运动模型。

　　板块运动的空间测量主要应用四种空间大地测量技术：甚长基线干涉测量VLBI、卫星激光测距SLR、全球定位系统GPS和多普勒效应定轨定位系统DORIS。空间测量主要运用国际地球参考框架ITRF，用大地测量方法与用地质学方法建立的板块运动模型参数在整体上具有很好的一致性。空间测量模型更精确、更全面地描述了全球板块运动的特征，据此人们可以计算出瞬时板块运动参数，说明近300万年来板块运动基本稳定。

3. 构造带与板块边界

1859年，美国地质学者J. 霍尔提出褶皱山脉曾经是地壳上巨大的凹陷。1873年，J. 丹纳把这种凹陷及其产物称为地槽，强烈褶皱隆起形成的褶皱山脉称为褶皱带，也叫造山带。

构造带由哈曼于1926年提出，以此代替造山带，指的是受到各种构造作用影响的地带。人们常把那些在一定的范围内有着共同的成因和内在联系的断层、褶皱等地质构造现象，归为一个构造带。

板块构造学说进一步把构造变形带和板块边界联系在一起。根据非线性本构关系，地壳变形主要集中在一些狭长的活动带上，这些活动带就是板块边界。板块边界表现为活动火山带和地震带，是构造变形作用最为活跃的地带。板块边界可能只有几千米宽，很少超过几十千米。

板块边界可分为三种类型：洋中脊代表的离散板块边界、俯冲带代表的汇聚板块边界和剪切板块边界。

（1）汇聚板块边界。

两个相互汇聚、消亡的板块之间的边界，相当于海沟或地缝合线。其可分为两个亚类。一类是大洋板块在海沟处俯冲潜没于另一板块之下，称为俯冲边界。现代俯冲边界主要分布在太平洋周缘，大洋板块俯冲殆尽。另一类是两侧大陆相遇碰撞，称为碰撞边界。欧亚板块南缘的阿尔卑斯—喜马拉雅带是典型的板块碰撞边界。

（2）离散板块边界（洋中脊）。

两个板块彼此分开的边界，往往形成裂谷。在大洋裂谷带，海洋板块分裂，海脊在扩张中心形成，海洋盆地扩张。在大陆裂谷带，随着大陆的分裂、扩张，中央裂谷的崩塌和海洋填充盆地，最终可能导致新的海洋盆地形成。

板块构造学说与海底扩张说对洋中脊有不同的理解。海底扩张说认为地幔对流的上升流推动洋中脊分开，而板块构造学说认为是洋中脊先拉开，带动了下伏地幔物质的上涌。地震波层析成像结果也表明洋中脊下面的热地幔只出现在300千米以上的地方，而不是从下地幔或上地幔底部上来的。

近年来，在北大西洋洋中脊上实施了高精度地震勘探，表明洋中脊上存在非常厚的沉积岩层。随着大西洋的裂解，两侧大陆板块主动发生了漂移，产生了拉伸作用，使得洋中脊区域洋壳减薄，产生张断裂，而洋中脊处涌出的玄武岩是拉裂过程中从断裂处溢出的喷发岩。

（3）剪切板块边界。

理想的剪切板块边界是走滑断层，沿着边界没有汇聚与离散，因此两侧板块沿着边界相对滑动。强震可以沿着断层发生。加利福尼亚的圣安德烈亚斯断层是显示右旋运动的转换边界的一个例子。

火山地震活动与板块边界的关系如下。

50年前，板块理论诞生初期，地震定位精度很差，我们还看不到板块边界这种强震清晰的条带分布，甚至没有人能从当时的定位结果中确定这里有板片俯冲的存在。随着地震定位技术水平的提高和火山观测的普及，我们可以很清楚地看到全球强震分布、活动火山分布与板块边界的紧密关系。

根据费希尔和施明克的火山碎屑岩研究（1984），全球喷发的岩浆中，处于离散板块边界的占73.2%，处于汇聚板块边界的占14.6%，处于海洋板块内部的占9.8%，处于大陆板块内部的占2.4%。离散板块边界处的岩浆大部分平静溢出，既没有伴随破裂与应力释放，又很少有火山喷发。环绕着太平洋，有一条环形的狭窄的火山和地震活动区域，通称为火环，火环上的活动喷发火山数量占全球火山数量的75%。根据NEIC地震目录统计，全球地震活动所释放的能量中，碰撞带处的占81.6%，大陆上的占13.3%，大洋区的占5.1%。

我国及邻区大陆强震活动分散的片状分布不同于板块边缘地震的带状分布，除了受到几大板块的共同作用外，大震活动分布与板块内部的地块分布及其组合有关（洪汉净等，2004）。马瑾院士（1999）提出在分析中国地震活动时要把视角从以活动断层为中心转变为以活动块体为中心。

4. 两种大陆边缘

1883年，休斯就已经分出大西洋型与太平洋型两类不同的海岸。太平洋型海岸是指海岸线延伸方向与沿岸地质构造线略呈一致的海岸。这种海岸的岸线平直，少港湾和半岛或者沿岸岛屿的排列与岸线平行，以南斯拉夫的达尔马提亚海岸最为典型。大西洋型海岸是指海岸线的总方向与地质构造线的走向大致成直角的海岸，以西班牙的里亚斯海岸最为典型，亦称"横向海岸"。

魏格纳进一步研究这两类海岸的区别，指出太平洋型海岸和大西洋型海岸的差别在于两种类型海岸不但结构不同，重力分布的状态也存在差异。大西洋型海岸多为高原台地的裂隙，没有褶皱和海岸山脉，没有火山活动。太平洋型海岸则多数为边缘山脉和深海沟，重力分布不均衡，地震、火山频发。两种类型的海岸也有明显不同的重力分布，大西洋型海岸处于均衡补偿状态，而太平洋型海岸常常是不均衡的。他虽然在大陆边缘的内容中讨论了两种类型的海岸，但是并未明确指出两种大陆边缘的区别。

大陆边缘是大陆与深海洋盆之间的过渡带，也是厚而轻的陆壳与薄而重的洋壳之间的接触过渡地带。大洋板块的扩张作用、俯冲作用和剪切作用，形成三种不同性质的大陆边缘：张裂型大陆边缘（被动大陆边缘）、俯冲型大陆边缘（主动大陆边缘）和剪切–转换型大陆边缘。

被动大陆边缘又称大西洋型大陆边缘，即通常所说的稳定大陆边缘，是构造上长期处于相对稳定状态的大陆边缘。其地壳位于同一岩石圈板块内洋壳到陆壳的过渡带。它没有俯冲带，早期裂开阶段位于板块内部，随后被动地随着裂开的板块而移动，故无强烈地震、火山和造山运动，反映了板块的裂谷–离散–沉降的构造过程。

被动大陆边缘往往发育被动大陆边缘盆地。陆壳与洋壳间的应力差导致陆壳向洋壳方向伸展，在伸展变形过程中必然有些地区会出现裂谷活动，后者又进一步促使大陆边缘地壳伸展减薄。一般来讲，其在构造特征上，从陆壳边缘向海洋方向发生阶梯状断陷，形成边缘裂陷槽。

麦肯齐根据被动大陆边缘盆地的演化过程，提出了被动大陆边缘盆地瞬时拉伸与减薄模型。盆地下沉过程可以用引张前后地壳厚度之比（盆地拉张系数）来体现。他的模型已经被许多油田所采用。

主动大陆边缘是板块运动最为剧烈的地方，又被称为汇聚型大陆边缘或聚敛型大陆边缘。其基本结构从大洋向大陆方向依次为海沟、弧–沟间隙（包括由消减杂岩组成的非火山外弧和弧前盆地）、火山弧及其上的弧内盆地、弧后区。

海沟的宽度有数十千米，深度一般在6000米以上，最大深度的马里亚纳海沟深11022米。海沟附近的板块在下插时携带洋底向下倾伏，大洋板块顺坡进一步插入岛弧（或大陆）之下。

火山弧亦称内弧，包括正在活动的火山链，在安第斯型大陆边缘，则表现为陆缘火山带。火山熔岩以安山岩为主，伴生玄武岩、英安岩、流纹岩等，除陆上熔岩外，还有水下喷发的枕状熔岩。火山弧上可发育以断层为界的张性的弧内盆地。

弧后盆地是指岛弧靠大陆一侧的深海盆地，是板块消减俯冲带的火山弧后方（陆侧）与大陆之间的深海盆地，一般是由弧后扩张形成的。

5. 板块构造动力学

板块构造学说认为板块运动引发了地幔对流，板块构造是一种"从上到下的构造（Top-down Tectonics）"。板块构造表现为对流地幔圈层之上的岩石圈的水平运动，其实还涉及地幔的热对流，是一个自组织的、远离平衡态的复杂系统，其驱动力主要来自岩石圈插入地幔的负浮力、大洋中脊的推力与地幔的拖曳力或阻力。具有负浮力的岩石圈在俯冲带发生下沉并进入地幔是板块运动驱动力的根本来源。

当大洋岩石圈板块在海沟附近向下俯冲到地幔中时，俯冲下去的板块温度往往低于周围地幔的温度，我们把这部分地幔中的板块称为俯冲板片。俯冲板片往往具有比周围软流圈介质大的密度，密度差将使俯冲板片受到一个向下的力，被称为负浮力。负浮力与俯冲板片和软流圈的密度差及其体积有关。另外，俯冲板片下插时受到周围地幔的阻力，这个力的大小与俯冲的速度相关。

大洋中脊裂开后，地幔岩浆上拱，由于从大洋中脊向外地势逐渐降低，故充满深部岩浆的洋中脊的较大重力具有向外的分力；另外，洋中脊下密度较大的地幔物质向上拱，也会形成一个向外的压力。两个力合在一起，形成洋中脊的推力。这个推力的大小取决于地势的高差，而与板块俯冲的速度不相关。扩张脊比板块靠近俯冲带的部分更高（或离地球引力中心更远）。这种地势差异造成了洋脊推力，迫使板块从升高的扩张洋脊处向俯冲带移动。一般认为，洋脊推力远小于板拉力。

除了负浮力和洋脊推力，我们还要考虑地幔的拖曳力或阻力。Peter Bird（1998）通过模拟表明，大部分板块必须考虑0.5~1兆帕的地幔拖曳力。Wen&Anderson（1997）的模拟工作表明，仅用符合简单流变学的地幔对流模型就可以解释大规模的板块运动。

Harper（1975）应用刚性板块模型通过计算表明，俯冲带的拉力为洋脊推力的7倍。Stern（2007）认为洋脊推力的贡献约占总驱动力的10%，而俯冲带岩石圈的下沉约提供了总驱动力的90%。甚至有人认为，地球现代构造类型应称为"俯冲构造"。

然而俯冲板片负浮力的计算也只是一个大致的估计。俯冲板片的负浮力、洋中脊的推力的计算结果严重依赖于所取的参数，实际上地球内部岩石的密度分布非常复杂，不是几个简单参数就可以代表的。比如，北美洲板块完全不存在消减作用，不受消减作用的驱动，它的动力来自哪里？又比如地中海—喜马拉雅碰撞带，这里是全球造山活动和地震活动最强烈的地方，应该有巨大的挤压力，然而这里是大陆-大陆碰撞，并没有负浮力。印度次大陆向北运动在最开始时可以归结为与德干玄武岩有关的热柱的活动，现在可以归结为印度洋洋中脊的推力，然而洋中脊的推力比负浮力小一个量级，为何造成了最强烈的碰撞？虽然欧亚板块东部有俯冲边界，受到的却是弧后扩张产生的力。

如何在没有预先存在的板块和板块拉力的情况下，开始板块下沉？这似乎很困难。实际上，这仍然是地球科学中一个尚未解决的重大问题。

四、板块构造学说的不足

板块构造学说的不足不是说板块构造理论有什么错误，板块构造理论源自欧拉球面几何，其误差来自地球体与圆球体的偏差。地球两极处的半径比赤道处的半径小20千米，只有千分之三的误差，因此认为板块边界运动是地壳运动的一级近似是没有问题的。问题是除了占大部分的板块边界运动外，还有板块内的运动与变形，虽然量级要小得多，但是对大陆构造而言是很重要的，除了水平运动外，还有垂直运动，比如高原隆起、岩石圈拆离等。另外，构造活动除了地壳自身发生变形外，还会发生沉积活动、岩浆活动、变质活动等，还会受到地壳之下地幔活动的影响。

其实板块构造学说的两个主要创始人摩根和麦肯齐都是物理学博士，本来一些地质构造学家就心有不服。而且他们开创了板块构造学说后，依然精力过剩，把相当多的精力放在板块构造理论之外。摩根主要研究地幔柱，而麦肯齐主要研究地幔对流。另一个主要创始人勒皮雄后来的工作则没有太多的亮点。这样板块构造学说没有一个主要的权威人物，也是其不断遭受质疑的一个原因。

我国一直不是完全相信板块构造学说，五大地质构造学派一直是中国地质构造学的主流。学生学大地构造时依旧会学习槽台学说等。老师在做科研时也会基于槽台学说、地幔柱学说去解释相关问题。

20世纪70年代国际合作开展地球动力学计划，以板块构造学说为指导，验证这个学说并使之更为完善。人们对海底转换断层、俯冲带、板块边缘的构造取得了较全面的认识，并开始研究大陆内部构造和动力问题，对地球内部的物质组成、分布、结构、地幔的对流过程有了更深入的了解。

20世纪80年代以来，人们逐步认识到大陆不同于大洋板块，是具有复杂物质组成、结构、构造，并经历了长期演化与改造的组合体，难以用经典的板块构造理论来解释，迫切需要发展能够合理概括大陆形成、演化及其动力学的新理论。1989年，在板块构造理论对解决大陆地质显示乏力时，以美国地球科学家为首的科学家提出了"大陆动力学研究计划"，目的就是着重解决大陆行为、作用、历史和演化问题，试图建立大陆演化新模式，以大陆板块构造学、板内构造学新领域概念来丰富地球动力学、大陆动力学的内涵。

20世纪90年代，世界各国先后提出了各自的"大陆动力学"研究的国家计划：美国实施了"1990—2020年大陆动力学计划"，欧洲16国开展了"欧洲透镜"计划，日本实施了"地球多层圈相互作用、演化和节律"计划，俄罗斯实施了"岩石圈地球动力学"研究和"深部研究远景计划"。英国在1994—2000年地球科学报告中也把大陆动力学列为重点研究领域。

经过了几十年的努力，人们在大陆的物质组成、结构构造、形成演化等方面积累了大量的新资料，取得了重要的新进展。但是，迄今这一科学问题的解答依然任重而道远，大陆动力学仍然是21世纪地球科学领域最主要的科学难题之一。人们对地球的研究越来越深入，从地表到地壳、岩石圈，再到上地幔、下地幔、核幔边界。

板块构造理论尚存在着自身的不足，其面临的挑战可归结为大陆动力学（板块上陆）、地球的构造演化（板块起源）、地幔热柱和地幔对流（板块动力问题）。

1.地幔热柱

提出板块构造学说之后三年，板块构造学说的主要提出者之一摩根在1971年就发现板块构造理论无法解释热点问题。热点是威尔逊（1963）提出的，以高热流、正重力异常、高地形隆起、剧烈火山活动为标志，是长期相对固定的地幔热物质活动点。

为解释热区的形成，摩根于1971年提出了地幔热柱（Hot Plume）的概念。热柱是地幔深处产生的圆柱状的上升物质流，由两部分组成，底部为长细柱状体（直径可达150千米），顶端则膨大成球状并随着高度的升高而不断膨胀，整体就像有着细长柄的蘑菇。蘑菇状头部的直径达1000~2000千米。

与缓慢而稳定的大陆漂移和洋中脊的扩张不同，地幔热柱上升到地表是以一种非定期的幕式进行的。当热柱顶抵达岩石圈底会摊平并因减压而形成玄武岩岩浆，这些岩浆可能会在短时间内急剧喷发至地表（短于100万年），在大陆形成洪流玄武岩，在海洋则形成海底高原。

热柱出现于三种地点：

①一些这样的火山区远离构造板块边界，例如夏威夷火山热点，因太平洋板块向西、西北方向漂移而留下一条火山链；

②有些是在离散板块边界，如冰岛；

③有些是大岩浆岩省，如德干溢流玄武岩、西伯利亚溢流玄武岩。

地幔热柱上升到岩石圈底部后向四周扩散，从而推动板块运动。185Ma，Karoo热柱活动使冈瓦纳大陆开始裂开，印度洋开始张开。印度洋100Ma后加速北上，65Ma德干溢流玄武岩喷发，印度板块加速北上，速度近20厘米/年，

在地质历史上，地幔热柱的位置相对固定而长期活动，其顶部引发的火山活动常形成火山链。这种火山链由新到老位置的迁移指示了板块运动的轨迹，即可把它当作板块运动的一个参照系。

板块运动复原的试验表明，在过去几千万年内热柱之间的相对运动很小，至少比板块运动小一个数量级。根据板块运动Minster（1974）推断的世界20个热点轨道的方向与现实的轨道方向大体一致，上田诚也等（1979）根据夏威夷—皇帝海山的古地磁研究也证明了热点相对于自转轴是不动的。

地幔热柱上升可以导致大陆破裂、大洋开启，地幔冷柱的回流则会引起洋壳俯冲和板块碰撞。

从20世纪80年代末开始，科学家尝试建立起三维的地幔立体形象，发现在非洲与太平洋的下面，有来自地幔底的巨大热柱上升流，而在亚洲的下面有沉入的板块物质落入地幔底而产生的巨大冷柱下降流。

冰岛热点之下，地震层析成像发现的热柱深达700千米的上地幔底部。夏威夷热点之下的不规则地幔热柱可以到达核幔边界。黄石热点之下，在地震层析成像上显示在80~660千米深处有一个倾斜的低速异常体，温度比周围高120℃，相当于2.5%的部分熔融。

热柱的起源至今仍是个谜，根据理论计算，只有核幔边界的D″层能够提供足够的能量来维持热柱的上升。然而有人指出在黏滞系数巨大的地幔内部，来自D″的热柱哪怕直径很小，到达岩石圈底部时，由于能量耗散早就散开了，看不到热柱的形态了，因而目前有不少人认为热柱也可能来自上地幔底部，然而在上下地幔交界处人们并未观测到足够的温度梯度以供应热柱的能量。

虽然热柱的生成问题仍未解决（可能要有赖于高精度的地震层析），但热点与热柱的概念已牢牢地植根于目前的地球动力学相关概念中，热柱为板块构造运动提供了固定于地幔的坐标系。

2000年以后，即便那些更多考虑板块构造理论的地球科学家，也都承认地幔热柱的存在。加利福尼亚理工学院地球动力学家迈克尔·吉尔尼斯（M. Gurnis）说："可以合理地推断非边缘部分也存在着地幔热柱。"

2. 大陆动力学

板块构造学说本质上是刚性表壳块体的运动学，也是地壳运动的一级近似。虽然板块构造学说解释了地壳运动的主要部分，解释了板块边界的运动，但对板内，特别是大陆内部的变形和运动，不仅存在理论解释不足的问题，而且根本没有为解释板内变形留下余地。

大陆与大洋地区至少在上地幔的深度范围内存在巨大的动力学差异，现有的板块构造理论不能简单地搬来解释大陆动力学过程。大陆板块变形的复杂性缘于大陆板块比大洋板块古老，每个大陆经历的演化历史不同，先存的构造对后期的板内变形产生了重要的影响。

P. Bird（2001）认为对待板内变形有三种方法：①在一级板块内部进一步划分次级块体板块；②排除它们的存在；③将板内大陆变形区域视为造山带。第二种方法忽视板内运动的存在，在板块构造学说刚开始提出时，可以认为板块运动是一级近似。但是到了今天，随着人们对地壳运动细节的认识，掩耳盗铃肯定是不行的。

其他两种补救办法如下。

（1）将板内大陆变形区域视为造山带。

Dewey（1986）认为，研究大陆碰撞构造的一个基本问题是如何将板块位移方向和速率转化为汇聚板块边界的应变与较小地块边界的位移。

Bird（2001）绘制的全球板块图中，将一些构造变动复杂的地区标记为造山带，如阿尔卑斯—波斯—西藏山区（实际上包括了除华南地区以外的整个中国大陆）、菲律宾群岛、秘鲁的安第斯山脉［秘鲁安第斯山脉传统上被描述为三个科迪勒拉山脉，它们在维尔卡诺塔、帕斯科和洛亚（厄瓜多尔）的节点处汇合］、南安第斯山脉—锡耶拉斯平原、加利福尼亚—内华达地区的右旋剪切引张地区、阿拉斯加—育空地区。Bird认为在这些造山带处，板块模型的预计不准确，造山带的边界往往没有速度不连续界面，难以分割出小微板块。Bird认为这里的变形主要是在覆盖层范围内进行的，而其基底依然属于原有的大板块，这样可以沿用以前使用的板块术语。

（2）在一级板块内部进一步划分次级块体，比如在亚洲大陆内部进一步划分地块。

我国及邻区大陆强震活动分散的片状分布不同于板块边缘地震的带状分布，除了受到几大板块的共同作用外，强震活动分布与板块内部的地块分布及其组合有关（洪汉净等，2004）。马瑾（1999）提出在分析我国地震活动时要把视角从以活动断层为中心转变为以活动块体为中心。未来的工作可能会是在造山带内定义更多非常小的板块。

大陆具有与大洋不同的上地幔，有些证据表明，似乎大陆下的地幔在相当长的时间内一直跟随着大陆。大陆高原过厚岩石圈的脱层失稳是大陆长期演化过程中的一个重要现象。

当岩石圈由于冷却或受挤压而变得太厚之后，这个上边界层就会变得不稳定，岩石圈的下半部分可能会和上半部分相脱离而沉入软流圈之中。这个假说是由Howsemen等人提出的，最早用于解释美国西部盆地山脉省的成因，后来又用于解释青藏高原受到长期挤压之后的突然隆升。

3. 地球的构造演化

板块构造学说的一个明显不足是未能提供板块起源，包括未能解释地球板块构造体制何时启动、如何启动、启动的机制是什么。如果地球不是一开始形成时就有板块，那么出现板块前是什么样的构造体制呢？

随着地球与其他硅质行星热历史研究的开展，我们对板块起源已经有了进一步的认识。

类地行星由于散失的热量大于产生的热量，因此总体呈逐渐冷却的趋势。行星内部热量一般通过传导和对流方式散失。地球每年估计散失42 TW的热量，其中32 TW 通过岩石圈的热传导方式散失，10 TW 可能通过洋中脊的热液活动方式散失（安德森博士，《地球理论》，1989年）。

在类地行星的历史上，从行星内部往外传输热流有三种形式：岩浆海、板块构造和滞流盖对流。

（1）岩浆海。岩浆海是行星形成初期不可避免的一个阶段，是炽热的行星散失热量的最有效途径。当行星开始固结并在表面形成热传导盖层时，行星的冷却将进入滞流盖对流阶段。

（2）滞流盖对流。滞流盖层是整个星体表面覆盖着的一个岩石板块。形成滞流盖层的原因可能是岩石层太轻，只能漂浮在上面；也可能是由于岩石层强度太大，以致无法下沉；或者由于行星小，温度低，盖层下软流圈的黏性太强，以至于岩石层无法下插。

（3）板块构造。板块构造驱动力主要来自热边界层（岩石圈）的负浮力，同时又受控于变形岩石圈与下覆黏性软流圈地幔的耗散作用。在太阳系内侧的五个硅质行星中，只有地球发育有板块构造。这表明板块构造的形成需要：①合适的地幔温度条件；②岩石圈盖层厚度大，足以产生重力不稳定；③岩石圈能够产生断裂和弯曲，又不能太弱，在从洋中脊到俯冲带移动的过程中能够维持一个完整的块体。

行星构造活动的三种方式可以互相转化：由于冷却岩浆海消亡，而成为滞流盖对流或板块构造；熔解不稳定导致大规模岩浆活动发生，滞流盖对流转变为岩浆海；洋脊闭锁导致板块构造消亡，形成稳定的滞流盖对流；海沟闭锁可能导致板块构造消亡，成为不稳定的滞流盖甚至变回岩浆海。

在地球冷却过程中，热量散失方式和构造类型可能经历了多次改变：地球在形成初期经历了部分或大部分的熔融（岩浆海阶段），所以岩浆海是地球初期不可避免的一个阶段。

在地球过去的某些时期，由于海沟闭合，板块构造也无法发生。这是因为地幔太热，形成的洋壳很厚，造成大洋岩石圈浮力太大不能俯冲。因此，地球可能经历了一次或几次滞流盖对流。它们可能出现在板块构造形成之前或者板块构造间歇期。但滞流盖层出现时，几乎可以肯定会伴随有大量的构造和岩浆活动，地幔热柱、大火成岩省和岩石圈拆沉这三种基本的内生作用使得地球的构造形式更加复杂。

水是另一个必须考虑的重要因素。蛇纹石化是引起岩石圈变弱的关键，但它要求有水的参与。显然，地球较大的水含量有利于板块构造的存在，水会减小岩石的强度，降低熔点，所以会使得岩石圈的强度减小，软流圈地幔的黏度降低。

地球表层板块构造的启动可能经历了一个漫长的演化过程。这种解释也和晚太古代-古元古代几次主要的陆壳增生事件相一致。

板块构造在行星的演化过程中只持续了较短的一段时间。未来地球的板块构造将会随着洋中脊的闭合而中止，因为这时地幔温度太低，不足以发生绝热减压熔融，导致洋中脊无法成为板块的边界。

4. 地幔对流及其表壳运动

板块运动是地球表壳的水平运动，热柱是伴随着大规模洪流玄武岩喷发的准液态地幔柱，而地幔对流是一种缓慢的准固态的地幔岩石蠕动。它们都是地球构造运动的一种表现形式。

1928年，霍姆斯提出了"地幔对流说"；1961年，迪茨认为地幔物质对流圈作用于岩石圈，成为推动地壳运动的主要力量。早期的地幔对流研究企图用简单的对流模式直接解释地表的构造格局。地幔对流的上边界层就是携带被动大陆地壳的硅镁壳，或者说相对冷的上边界层可以视为岩石圈。他们以为对流的上升翼处在洋中脊之下，而下降流处在海沟之下。1968年，当板块构造的细节被发掘出之后，特别是麦肯齐论证了洋中脊的地幔上升是被动上涌，板块运动的自我驱动，"从上到下的构造"成了主流认识。这要求地幔对流具有难以置信的复杂格局。

然而地幔对流学说并未因此消沉，对地幔对流的研究转入了艰苦细致的理论与实验的模型研究阶段。1972年，Turcotte & Oxbergh发表了《地幔对流与新的全球构造》，麦肯齐等曾经提出有必要建立地球物理流体力学的一个新的分支。1984年冬天，美国地球物理年会上与地球动力学有关的48篇论文中，有四分之三是直接研究地幔对流的，但多数并不是直接建立一种解释地表构造的对流模式，而是从地球物理流体力学的观点出发研究各种对流模型及其所伴随的地热流、地形变、重力以及大地水准面等特征。Hager等（1985）以地震层析成像推断的密度异常为驱动，用地表大地水准面等资料进行验证，得出下地幔的黏滞系数要比上地幔大10倍以上。另一种模拟是以板块速度为边界条件进行地幔对流模拟。

20世纪末，地幔对流研究的重点从对流本身转向对流与岩石圈的相互作用，或者说"板块—地幔耦合问题"，开始把板块与地幔作为两个系统来对待。近年来人们把板块作为地幔对流整体的一部分来研究，用流体力学理论和模型演示了类似板状的运动。通过这些模型，我们不仅看到了类似板块形状的强度分布（由弱边界分隔的强板块），而且看到了集中的板块状走滑边缘的产生以及被动裂谷的形成。Gurnis（1988）将地幔对流的数值模拟用以研究超级大陆动力学，最近的一些工作报告了令人惊讶的统一的超大陆时间尺度（七八亿年）。计算结果表明，从太古宙到现在，在一个与地幔相当的对流系统中，可能会发生几次超大陆的形成。应用数值模拟人们还可以研究洋脊大陆碰撞和分裂事件，以及强烈的地幔柱对大陆汇聚的影响。

　　随着计算机计算容量的扩大、计算速度的提高以及地表观测数据的积累、地球内部探测的精细化，对地幔对流的研究会得出更加丰硕的成果。

洪汉净

2020年7月